利用颜色通道调整灰暗的图像（前）　　　　利用颜色通道调整灰暗的图像（后）

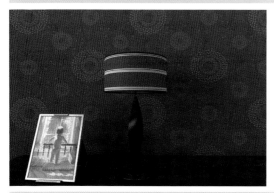

添加台灯光晕（前）　　　　添加台灯光晕（后）

水彩画效果（前）　　　　水彩画效果（后）

阴影的处理（前）　　　　阴影的处理（后）

晕影效果（前）　　　　　　　　　　晕影效果（后）

油画效果（前）　　　　　　　　　　油画效果（后）

选区抠图法（前）　　　　　　　　　选区抠图法（后）

水墨画效果（前）　　　　　　　　　水墨画效果（后）

赵雪梅 刘悦 编著

中文版

Photoshop

CC 效果图后期处理

技法剖析

清华大学出版社

北 京

内 容 简 介

本书系统、详尽地介绍了使用Photoshop对室内外效果图进行后期处理的方法和技巧。本书章节安排由浅入深，每一章的内容都非常丰富，力争涵盖Photoshop在后期处理中所有的技术要点，大量的贯穿于整个讲解过程中。

本书共分为17章，各章的主要内容：第1章介绍Photoshop与效果图的关系；第2章介绍如何快速认识Photoshop CC；第3章介绍常用的Photoshop工具和命令；第4章介绍效果图的修图与简单的修补；第5章介绍常用配景的处理；第6章介绍效果图的光效与色彩的处理；第7章介绍如何制作各种常用纹理贴图；第8章介绍效果图的艺术特效；第9~10章介绍欧式客厅和酒店餐厅室内效果图的后期处理；第11～14章分别介绍景观一角效果图、水边住宅、夜景、鸟瞰效果图的后期处理；第15章介绍室内彩色平面图的制作；第16章介绍某小区平面规划图的制作与表现；第17章介绍效果图的打印与输出。

本书配套DVD光盘包含了书中案例的调用素材图像、效果文件、PPT教学课件以及语音视频教学文件。本书不仅适合作为室内外设计人员的参考手册，也可作为大中专院校和培训机构建筑设计、室内设计及其相关专业的学习教材。

本书封面贴有清华大学出版社防伪标签，无标签者不得销售。

版权所有，侵权必究。举报：010–62782989，beiqinquan@tup.tsinghua.edu.cn。

图书在版编目(CIP)数据

中文版Photoshop CC效果图后期处理技法剖析/赵雪梅，刘悦编著. --北京：清华大学出版社，2016（2023.9重印）

ISBN 978-7-302-42889-3

Ⅰ. ①中… Ⅱ. ①赵… ②刘… Ⅲ. ①图像处理软件 Ⅳ. ①TP391.41

中国版本图书馆CIP数据核字(2016)第030027号

责任编辑：陈冬梅
装帧设计：杨玉兰
责任校对：王　晖
责任印制：沈　露
出版发行：清华大学出版社
  网　　址：http://www.tup.com.cn，http://www.wqbook.com
  地　　址：北京清华大学学研大厦A座　　邮　　编：100084
  社 总 机：010-83470000　　邮　　购：010-62786544
  投稿与读者服务：010-62776969，c-service@tup.tsinghua.edu.cn
  质量反馈：010-62772015，zhiliang@tup.tsinghua.edu.cn
印 装 者：天津鑫丰华印务有限公司
经　　销：全国新华书店
开　　本：190mm×260mm　　印　　张：19.75　　插页：3　　字　　数：471千字
  （附DVD 1张）
版　　次：2016年4月第1版　　印　　次：2023年9月第7次印刷
定　　价：79.00元

产品编号：066732-01

前言

　　首先，感谢您翻阅这样一本全面介绍 Photoshop CC 效果图后期处理的图书。此时，您是否为需要寻找一本技术全面、案例丰富的计算机图书而苦恼，或许您担心做不出图书中的效果而犹豫，又或许您正因为不知道该买一种什么样的效果图后期处理教材而犹豫……

　　那么，现在就为您推荐《中文版 Photoshop CC 效果图后期处理技法剖析》，本书内容从基础的常用工具和命令介绍到多个经典的室内外案例效果，兼具了基础手册和技术手册的多种特点。希望本书能够帮助您解决学习中遇到的难题，提高技术水平，能够快速成为效果图后期处理的高手。

　　本书章节内容安排如下：

- 第 1 章主要讲述效果图的概念、用途以及特色，同时还介绍了效果图与色彩和美术的关联，使读者对效果图的知识得到了大体的了解，知道效果图的各种风格特色。
- 第 2 章主要讲述 Photoshop CC 的工作界面、图像的类型以及格式，同时还详细介绍了图层的相关内容。
- 第 3 章主要讲述 Photoshop CC 中常用选区工具和常用修图工具的使用以及常用的素材变换，同时还介绍了常用图像色彩调整的一些命令。
- 第 4 章主要介绍对效果图中错误材质的调整以及对不理想画面构图的调整、颜色通道的使用和调整溢色等。
- 第 5 章通过制作几个典型且实用的实例，主要讲述效果图中遇到的各种投影和阴影的处理、天空的处理、植物的处理以及人像的处理方法。
- 第 6 章通过制作几个常用的光效，主要讲述效果图中遇到的各种因为灯光问题而缺憾的效果图。
- 第 7 章主要讲述制作纹理贴图，从中学会如何制作三维软件中的无缝贴图以及各种常用的金属、木纹、布料、石材和草地等贴图。
- 第 8 章主要讲述艺术特殊效果图的制作，其中主要使用各种工具和命令，并结合使用各种滤镜效果制作出各种艺术效果图。
- 第 9 章主要讲述欧式客厅的后期处理技巧和方法，其中主要是对效果图整体、局部以及色调的处理，并通过添加装饰素材来表现出欧式客厅效果。
- 第 10 章主要讲述酒店餐厅的后期处理，其中主要介绍如何对公装效果图的色调和氛围进行处理。
- 第 11 章主要讲述景观一角效果图的后期处理的方法和技巧，在制作过程中大量使用了复制图层，通过复制图层调整出阴影和玻璃倒影效果。
- 第 12 章主要讲述通过简单的添加各种素

前言

材来完成水边住宅后期处理效果，并着重讲述建筑色调调整以及整个氛围的制作。

- 第 13 章主要讲述室外夜景效果图后期处理的方法和技巧。主要介绍夜景商业的氛围烘托以及夜景住宅细节的处理。
- 第 14 章主要讲述一个鸟瞰效果图较为完整的后期处理，其中主要介绍如何调整建筑的局部色调，并通过调整局部色调来协调整体效果。
- 第 15 章主要讲述如何根据 CAD 图纸填充拼凑素材图像来制作室内彩色平面图效果。
- 第 16 章主要讲述某小区平面规划图的部分制作，其中结合使用各种图像调整工具并添加使用装饰素材来完成平面规划图。
- 第 17 章主要讲述打印与输出的注意事项以及选项设置。

本书具有以下特点：

- 应用领域专、内容全面。书中内容根据 Photoshop 效果图处理技巧设计了大量的案例，由浅入深、从易到难，让读者在实战中循序渐进地学习到相应的工具、命令等知识和操作方法，同时掌握相应的行业应用知识。
- 内容精练、知识点讲解到位。书中每个专题都配有相应的案例，让读者在不知不觉中学习到专业应用案例的制作方法和流程；同时书中还提供了大量的提示和技巧，恰到好处地对读者进行点拨。
- 一对一式的多媒体教学。本书还附带了 DVD 多媒体教学光盘，针对书中涉及的每个案例都会有详细的语音讲解，使读者不仅可以通过图书研究每一个操作细节，还可以通过多媒体教学领悟到更多实战的技巧。

本书以案例为主，摒弃长篇理论，从实际工作出发对常用功能和技巧进行了深入阐释，使读者可以形象、轻松地理解本书内容，掌握制作的方法。本书操作性与可读性强，特别适合建筑专业相关的学生以及与建筑设计或室内设计相关的工作人员，将使读者切身感受专业而实际的后期处理工作。

本书由赵雪梅、刘悦编著，其中开封大学的刘悦老师编写了第 1 章、第 3 章和第 5 章的内容。另外，具体参加图书编写的人员还有崔会静、冯常伟、耿丽丽、霍伟伟、王宝娜、王冰峰、王金兰、尹庆栋、张才祥、张中耀、赵岩、王兰芳等，在此表示感谢。

由于编者水平有限，书中难免有不足和疏漏之处，恳请读者批评指正。

编　者

目录

目录

目录

目录

第 1 章
Photoshop 与效果图的关系

本章主要介绍 Photoshop 与效果图的关系，其中将了解效果图与什么元素相关联以及后期处理的重要性，并介绍导入图像到 Photoshop 中的基本流程等。

课堂学习目标

- 了解什么是建筑效果图
- 了解建筑效果图的作用
- 了解色彩在效果图中的关键作用
- 了解建筑效果图与美术的关联
- 了解为什么要对建筑效果图进行后期处理
- 掌握如何设置导入 Photoshop 中的渲染

1.1 效果图的基本概念

效果图是使用各种写实的手法来快速表现出来的图像，是以图形的形式进行传递的。效果图是通过施工图纸，根据尺寸真实、直观地用图纸表现出来。效果图是一种非常直观、生动地表达设计意图，并将设计意图以最直接的方式传达给观者的方法，从而使观者能够进一步认识和肯定设计理念与设计思想。

传统的建筑设计表现是通过人工手绘的图纸，而替代传统手工绘制的是计算机建模渲染而成的建筑设计表现图，相比传统的手绘效果图来说，计算机效果图更能真实体现出设计风格和装修艺术。

计算机建筑效果图就是为了表现建筑的效果而运用计算机制作的图，是建筑设计的辅助工具。计算机建筑效果图又名建筑画，它是随着计算机技术的发展而出现的一种新兴的建筑画绘图方式。在各种设计方案的竞标、汇报以及房产商的广告中，都能找到计算机建筑表现图的身影。它已成为广大设计人员和建筑效果创作者展现自己作品、吸引业主、获取设计项目的重要手段。效果图是设计师展示其作品的设计意图、空间环境、色彩效果与材料质感的一种重要手段。它根据设计师的构思，不仅可以利用准确的透视制图和高超的制作技巧，将设计师的设计意图用软件来转换成具有立体感的画面，而且还可以用Photoshop来添加人、车、树、建筑配景，甚至白天和黑夜的灯光变化也能很详细地模拟出来。如图1-1所示为计算机建筑效果图的制作流程，从分析图纸到建模再到后期的处理。

图 1-1　计算机建筑效果图的制作流程

1.2 效果图后期处理的作用及重要性

在软件中输出的效果图往往有许多不尽如人意的地方，例如图像比较灰暗没有层次，或者没有装饰的植物和地形以及人物等素材，又或者是输出的图像没有考虑到图像大小的问题，而这些缺憾和问题都可以在后期处理中来实现。

Photoshop还可以通过平面的尺寸图纸来制作平面规划效果图，也可根据图像来进行特殊效果的处理，例如可以将效果图制作成水墨、油画、旧电影等风格的特殊效果。

如图1-2所示为灰暗图像调整的前后对比。

使用Photoshop制作的室内平面规划图和小区平面规划图如图1-3和图1-4所示。这样看来与AutoCAD制作的平面线框图相比要更为简单明了。

图 1-2　灰暗图像调整的前后对比

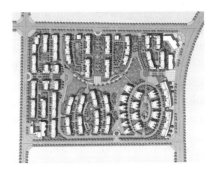

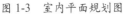

图 1-3　室内平面规划图　　　　　　　　　　图 1-4　小区平面规划图

　　对于设计师来说，不仅要有高超的建模和渲染能力，最主要的还应该有过硬的后期处理能力。如果把效果图的后期处理这个环节把握好了，将会使用户的作品锦上添花，更加具有魅力和感染力。总结 Photoshop 在效果图后期处理中的具体应用，其作用大致可分为以下几个方面。

　　1. 调整图像的色彩和色调

　　调整图像的色彩和色调，主要是指使用 Photoshop 的"亮度 / 对比度"、"色相 / 饱和度"、"色彩平衡"、"色阶"、"曲线"等色彩调整命令对图像进行调整，以得到图像更加清晰、颜色色调更为协调的图像。

　　2. 修改效果图的缺陷

　　当制作的场景过于复杂、灯光众多时，渲染得到的效果图难免会出现一些小的瑕疵或错误，如果再返回 3ds Max 中重新调整，既费时又费力。这时可以发挥 Photoshop 的特长，使用修复工具以及颜色调整命令，轻松修复模型的缺陷。

　　3. 添加配景

　　添加配景就是根据场景的实际情况，添加上一些合适的树木、人物、天空等真实的素材。前面说过，3ds Max 渲染输出的场景单调、生硬、缺少层次和变化，只有为其加入了合适的真实世界的配景，效果图才有了生命力和感染力。

　　4. 制作特殊效果

　　比如制作光晕、阳光照射效果，绘制喷泉，将效果图处理成雨景、雪景等效果，以满足一些特殊效果图的需求。

　　另外，使用 Photoshop 软件可以轻松调整画面的整体色调，从而把握整体画面的协调性，使场景看起来更加真实。巧妙地应用 Photoshop 还可以轻松调整图像的色调、明暗对比度以及对造型的细部进行调整等，从而创作出令人陶醉的意境，如图 1-5 所示。

图 1-5　特殊效果

1.3　效果图中色彩的关键性

　　没有难看的颜色，只有不和谐的配色。在一所房子中，色彩的使用还蕴藏着健康的学问。太强烈的色彩，易使人产生烦躁的感觉和影响人的心理健康，把握一些基本原则，家庭装饰的用色并不难。室内的装修风格非常多，合理地把握这些风格的大体特征加以应用，并时刻把握最新、最流行的装修风格，对于设计师是非常有必要的。

1.3.1　常用的色彩搭配

　　色环其实就是彩色光谱中所见的长条形的色彩序列，只是将首尾连接在一起，使红色连接到另一端的紫色。色环通常包括12 种不同的颜色，如图 1-6 所示。以下是几种色彩搭配及其含义：

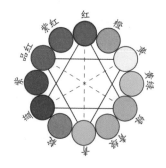

　　(1) 黑＋白＋灰＝永恒经典
　　(2) 银蓝＋敦煌橙＝现代＋传统
　　(3) 蓝＋白＝浪漫温情
　　(4) 黄＋绿＝新生的喜悦

图 1-6　色环

1.3.2　色彩心理

　　色彩心理学家认为，不同颜色对人的情绪和心理的影响有所差别。色彩心理是客观世界的主观反映。不同波长的光作用于人的视觉器官而产生色感时，必然导致人产生某种带有情感的心理活动。事实上，色彩生理和色彩心理过程是同时交叉进行的，它们之间既相互联系又相互制约。在有一定的生理变化时，就会产生一定的心理活动；在有一定的心理活动时，也就会产生一定的生理变化。比如，红色能使人生理上脉搏加快，血压升高，心理上具有温暖的感觉。长时间红光的刺激，会使人心理上产生烦躁不安，在生理上欲求相应的绿色来补充平衡。因此，色彩的美感与生理上的满足和心理上的快感有关。

1. 色彩心理与年龄有关

　　根据实验室心理学的研究，人随着年龄上的变化，生理结构也会发生变化，色彩所产生的心理影响随之也会有区别。有人做过统计：儿童大多喜爱鲜艳的颜色。婴儿喜爱红色和黄色，4 ~ 9 岁儿童最喜爱红色，9 岁的儿童喜爱绿色，7 ~ 15 岁的中小学生中男生的色彩爱好次序为绿、红、青、黄、白、黑；女生的颜色喜好次序为绿、红、白、青、黄、黑。随着年龄的增长，人们的色彩喜好逐渐向复色过渡，逐渐向黑色靠近。这是因为儿童刚走入这个大千世界，大脑思维一片空白，什么都是新鲜的，需要简单的、新鲜的、强烈刺激的色彩，他们神经细胞产生得快，补充得快，对一切都有新鲜感。等年纪大了，脑神经记忆库已经被其他刺激占去了许多，色彩感觉相应会成熟和柔和些。

2. 色彩与心理职业有关

体力劳动者喜爱鲜艳色彩，脑力劳动者喜爱调和色彩；农牧区喜爱极鲜艳的，成补色关系的色彩；高级知识分子则喜爱复色、淡雅色、黑色等较成熟的色彩。

3. 色彩心理与社会心理有关

由于不同时代在社会制度、意识形态、生活方式等方面的不同，人们的审美意识和审美感受也不同。古典时代认为不和谐的配色在现代却被认为是新颖的美的配色。所谓反传统的配色在装饰色彩史上的例子是举不胜举的。一个时代的色彩的审美心理受社会心理的影响很大，所谓"流行色"就是社会心理的一种产物，时代的潮流，现代科技的新成果，新的艺术流派的产生，甚至是自然界中某种异常现象所引起的社会心理都可能对色彩心理发生作用。当一些色彩被赋予时代精神的象征意义，符合了人们的认识、理想、兴趣、爱好、欲望时，那么这些具有特殊感染力的色彩会流行开来。比如，20 世纪 60 年代初，宇宙飞船的上天，给人类开拓了进入新的宇宙空间的新纪元，这个标志着新的科学时代的重大事件曾轰动世界，各国人民都期待着宇航员从太空中带回新的趣闻。色彩研究家抓住了人们的心理，发布了所谓"流行宇宙色"，结果在一个时期内流行于全世界。这种宇宙色的特色是浅淡明快的高短调，抽象，无复色。不到一年，又开始流行低长调、成熟色，暗中透亮、几何形的格子花布。但一年后，又开始流行低短调，复色抽象，形象模糊、似是而非的时代色。这就是动态平衡的审美欣赏的循环。

4. 共同的色彩感情

虽然色彩引起的复杂感情是因人而异的，但由于人类生理构造和生活环境等方面存在着共性，因此对大多数人来说，无论是单一色，或者是混合色，在色彩的心理方面，也存在着共同的色彩感情。根据心理学家的研究，主要有 7 个方面，即色彩的冷暖、色彩的轻重感、色彩的软硬感、色彩的强弱感、色彩的明快感与忧郁感、色彩的兴奋感与沉静感、色彩的华丽感与朴实感。

正确地应用色彩美学，还有助于改善居住条件。宽敞的居室采用暖色装修，可以避免房间给人以空旷感；房间小的住户可以采用冷色装修，在视觉上让人感觉空间大些。人口少而感到寂寞的家庭居室，配色宜选暖色，人口多而感觉喧闹的家庭居室宜用冷色。同一家庭，在色彩上也有侧重，卧室装修色调暖些，有利于增进夫妻感情的和谐；书房用淡蓝色装饰，使人能够集中精力学习、研究；餐厅里，红棕色的餐桌，有利于增进食欲。对不同的气候条件，运用不同的色彩也可以在一定程度上改变环境气氛。在严寒的北方，人们希望室内墙壁、地板、家具、窗帘选用暖色装饰会有温暖的感觉；反之，南方气候炎热潮湿，采用青色、绿色、

蓝色等冷色调装饰居室，感觉上比较清凉些。

研究由色彩引起的共同感情，对于装饰色彩的设计和应用具有十分重要的意义。

(1) 恰当地使用色彩装饰在工作上能减轻疲劳，提高工作效率。

(2) 办公室冬天的朝北房间，使用暖色能增加温暖感。

(3) 住宅采用明快的配色，能给人以宽敞、舒适的感觉。

(4) 娱乐场所采用华丽、兴奋的色彩能增强欢乐、愉快、热烈的气氛。

(5) 学校、医院采用明洁的配色能为学生、病员创造安静、清洁、卫生、幽静的环境。

1.3.3 风格

由于国家、地域的不同，因此会产生出丰富的装修风格，并且都是多年来积累下来的适合人类居住的风格。不同的风格有不同的特点，同时不同的风格针对不同的人群，因此选择时下热门的几种经典的装修风格，将其特点一一说明。

1. 现代简约

现代简约风格崇尚时尚。对于不少年轻人来说面临着城市的喧嚣和污染，激烈的竞争压力，还有忙碌的工作和紧张的生活。因而，更加向往清新自然、随意轻松的居室环境。越来越多的都市人开始摒弃繁琐豪华的装饰，力求拥有一种自然简约的居室空间。

现代简约以体现时代特征为主，没有过分的装饰，一切从功能出发，讲究造型比例适度、空间结构明确美观，强调外观的明快、简洁。体现了现代生活快节奏、简约和实用，但又富有朝气的生活气息。

2. 新中式风格

新中式风格勾起怀旧思绪。新中式风格在设计上传承了明清时期家具理念的精华，将其中经典元素提炼并加以丰富，凝练唯美的中国古典情韵，数千年的委婉风骨，以崭新的面貌蜕变舒展。以内敛沉稳的中国为源头，同时改变原有空间布局中等级、尊卑等封建思想，给传统家居文化注入了新的气息，没有刻板却不失庄重，注重品质但免去了不必要的苛刻，这些构成了新中式风格的独特魅力。

3. 欧式古典风格

欧式古典风格尊贵、典雅。作为欧洲文艺复兴时期的产物，古典设计风格集成了巴洛克(Barocco)风格中豪华、动感、多变的视觉效果，也吸取了洛可可(Rococo)风格中唯美、律动的细节处理元素，受到了社会上层人士的青睐。特别是古典设计风格中深沉里显露尊贵、典雅渗透豪华的设计哲学，也成为这些成功人士享受快乐理念生活的一种写照。

4. 美式乡村风格

美式乡村风格回归自然。一路拼搏之后的那份释然，让我们对大自然产生无限向往，回归与眷恋、淳朴与真诚，也正因为这种对生活的感悟，美式乡村风格摒弃了烦琐与奢华，并将不同风格中的优秀元素汇集融合以及舒适机能为导向，强调"回归自然"，使这种风格变得更加轻松、舒适。

5. 地中海风格

地中海风格起源于 9 ～ 11 世纪，特指欧洲地中海北岸一线，特别是西班牙、意大利、希腊这些国家南部的沿海地区的淳朴居民住宅风格。

地中海风格具有独特的美学特点。一般选择自然的柔和色彩，在组合设计上注意空间搭配，充分利用每一寸空间，集装饰与应用于一体，在组合搭配上避免琐碎，显得大方、自然，散发出古老尊贵的田园气息和文化品位。

6. 东南亚风格

东南亚风格是一个结合东南亚民族岛屿特色及精致文化品位相结合的家居设计方式。这是一个居住与休闲相结合的概念，广泛地运用木材和其他的天然原材料，如藤条、竹子、石材、青铜和黄铜，深木色的家具，局部采用一些金色的壁纸、丝绸质感的布料，灯光的变化体现了稳重感及豪华感。

东南亚风格，舒展中有含蓄，妩媚中带神秘，兼具平和与激情。把家打造成浓艳绮丽的东南亚风格，它所带来的不仅是视觉的锦绣多彩，更是生活的曼妙体验。

7. 欧式田园风格

田园风格重在对自然的表现，但不同的田园有不同的自然，进而也衍生出多种风格，中式的、欧式的，甚至还有南亚的田园风格，各有各的特色，各有各的美丽。欧式田园风格主要分英式和法式两种：前者的特色在于华美的布艺以及纯手工的制作；后者的特色是家具的洗白处理及大胆的配色。

8. 混搭风格

混搭风格融合东西方美学精华元素，将古今文化内涵完美地结合于一体，充分利用空间形式与材料，创造出个性化的家居环境。混搭并不是简单地把各种风格的元素放在一起做加法，而是把它们有主有次地组合在一起。混搭的是否成功，关键看是否和谐。最简单的方法是确定家具的主风格，用配饰、家纺等来搭配。

9. 日式风格

日式风格直接受日本和式建筑影响，讲究空间的流动与分隔，流动则为一室，分隔则分为几个功能空间，空间中总能让人静静地思考，禅意无穷。

1.4 效果图与美术的关联

看一个效果图设计师是否具有美术基础和深厚的艺术修养，通过对如图 1-7 所示的透视效果图的表现能力，即可得出明确的答案。

一个效果图设计师审美修养的培育，透视效果图表现能力的提高，都有赖于深厚的美术基本功。活跃的思路，快速的表现方法，可以通过大量的效果图速写 (参见图 1-8) 得到锻炼。准确的空间形体造型能力，清晰的空间投影概念，可以通过结构素描 (参见图 1-9) 得到解决。丰富敏锐的色彩感觉，可以通过色彩写生 (参见图 1-10) 作为练习打基础。

图1-7 室外建筑效果图　　图1-8 手绘效果图

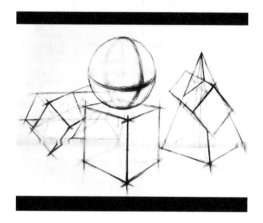 

图1-9 素描图　　图1-10 油画图

随着设计元素多元化时代的来临，人们对建筑效果图作品的要求也在不断地提高。人们不再有从众心理，而是追求个性化、理想化的作品。这样的设计作品，无疑是需要广阔的设计思路和创新理念；否则，设计师终会被本行业所淘汰。

对于一个成熟的设计师来说，仅仅具备美术基础，这还是远远不够的。室内设计师还要对材料、人体工程学、结构、光学、摄影、历史、地理、民族风情等一些相关知识有所掌握。这样，其设计作品才会有内容、有内涵、有文化。

效果图设计是属于实用美术类的范畴。如果设计的成果只存在艺术价值，而忽略其使用功能；那么，这个设计只能是以失败告终；同时，也就失去了效果图设计的意义。

1.5 如何设置导入到 Photoshop 中的渲染

一幅完整的效果图需要由三维设计软件和平面设计软件共同来完成，其中三维软件负责设计建模。平面设计软件用于前期的绘制图纸和后期制作。下面详细讲述从 3ds Max 制作的效果图导入到 Photoshop 中的方法。

❶ 首先，确定效果图场景的一切工作都在 3ds Max 中完成，接下来将对完成的场景进行渲染。在工具栏中单击 （渲染设置）按钮，打开渲染设置面板，如图 1-11 所示。

❷ 在"公用"选项卡中设置"输出大小"的"宽度"和"高度"分别为 6000 和 4500，如图 1-12 所示。

8

图 1-11　打开渲染设置

图 1-12　设置渲染尺寸

 注　意

　　　　渲染输出的尺寸大小直接影响到图像最终输出的清晰度，因此在设置图像大小时还是稍大为好，这样才能保证输出图像的清晰度。当然，输出大小也是根据客户需要的图纸大小来决定的，但是这些因素都不是问题，因为在后期的 Photoshop 中还是会对图像进行调整的，这里只需重点记住的是图像一般都会比需要的图像稍大即可。

　　❸　单击"渲染输出"选项组中的"文件"按钮，在弹出的"渲染输出文件"对话框中选择一个存储路径，确定一个保存类型，单击"保存"按钮即可，如图 1-13 所示。

图 1-13　存储图像

 注　意

　　　　在文件的保存类型中，最好选用 TIF 格式和 TGA 格式，因为这两种格式可以设置 Alpha 通道，这样在为图像做后期处理时，特别是有大背景的室外建筑效果图时，有利于背景的提取，因此一般都采用这两种保存格式。

④ 弹出保存图像的选项面板，如图 1-14 所示，单击"确定"按钮。

⑤ 这样即可在"渲染输出"选项组中查看到自己存储图像的路径，如图 1-15 所示。

图 1-14　图像控制选项

图 1-15　查看图像输出路径

⑥ 各项参数都设置好之后，单击"渲染"按钮即可对场景效果进行渲染输出。

渲染结束后，退出 3ds Max 程序，进入 Photoshop 软件应用程序，按照渲染图像时所保存的路径，打开渲染输出的图像文件，就可以用 Photoshop 软件进行效果图的后期处理了。

1.6 小结

本章主要对效果图的概念、用途、特色等做了初步的介绍，并介绍了效果图与色彩和美术的关联，使读者对效果图的知识得到了大体的了解，知道效果图的各种风格特色。

希望读者通过学习本章内容后，能对效果图有一个大体的了解，为进一步学习效果图后期处理打下坚实的基础。

第2章
Photoshop CC 快速掌握

在开始学习使用 Photoshop 处理效果图之前，先来学习并掌握一些 Photoshop 的界面布局和常用的图层以及图像的知识。

课堂学习目标

- 了解 Photoshop 的界面
- 了解图像的基本概念
- 了解像素
- 掌握如何提高工作效率
- 了解图层
- 掌握如何导入图像到 Photoshop 中

2.1 Photoshop CC 界面简介

  Photoshop CC 默认的界面颜色为较暗的深色，如图 2-1 所示。如果想要更改界面的颜色方案，可以在菜单栏中选择"编辑"|"首选项"|"界面"命令，在"首选项"对话框的"外观"选项组中可以选择合适的颜色方案，本书使用的是最后一种颜色方案，如图 2-2 所示。

图 2-1   打开的界面   图 2-2   选择一种颜色方案

>   更改界面颜色方案的快捷键为 Shift+F1 或 F2，来对场景颜色方案进行切换。这里用户可以尝试一下其他的颜色方案，选择适合自己的即可。

  将界面改为灰色后，可以看到在工作界面中主要由菜单栏、选项栏、标题栏、工具箱、状态栏、文档窗口以及面板这几大区域组成，如图 2-3 所示。

图 2-3   Photoshop CC 界面

- 菜单栏：Photoshop CC 的菜单栏中包含 11 组主菜单，分别是文件、编辑、图像、图层、文字、选择、滤镜、3D、视图、窗口和帮助。单击相应的主菜单，即可打开子菜单。

- 标题栏：在 Photoshop 中打开文件以后，在画布上方会自动出现标题栏。在标题栏中会显示该文件的名称、格式、窗口缩放比例以及颜色模式等信息。
- 文档窗口：用来显示打开图像的位置。
- 工具箱：集合了 Photoshop CC 的大部分工具。工具箱可以折叠显示或展开显示。单击工具箱顶部的 ▶▶（折叠）图标，可以将其折叠为双栏；单击 ◀◀（展开）按钮即可还原回展开的单栏模式。
- 选项栏：主要用来设置工具的参数选项，不同工具的选项栏也会不同。比如，当选择工具箱中的 ▶⊕（移动工具）时，其选项栏会显示如图 2-4 所示的内容。

图 2-4 移动工具选项栏

- 状态栏：位于工作界面的最底部，可以显示当前文档大小、文档尺寸、当前工具、窗口缩放比例等信息。单击状态栏中的 ▶（三角形）图标，可以设置要显示的内容，如图 2-5 所示。
- 面板：主要用来配合图像的编辑、对操作进行控制以及设置参数等。每个面板的右上角都有一个 ▼≡ 图标，单击该图标可以打开该面板的菜单选项。如果需要打开某一个面板，可以单击菜单栏中的"窗口"菜单，在展开的下拉菜单中单击即可打开该面板，如图 2-6 所示。

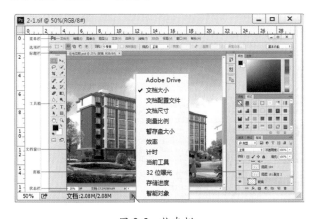

图 2-5 状态栏

图 2-6 "窗口"菜单

2.1.1 菜单栏

菜单栏可以给以后使用 Photoshop 来编辑图像时带来方便，如图 2-7 所示。

Ps 文件(F) 编辑(E) 图像(I) 图层(L) 文字(Y) 选择(S) 滤镜(T) 3D(D) 视图(V) 窗口(W) 帮助(H)

图 2-7 菜单栏

要使用菜单栏中的命令，只需将光标指向菜单中的某项并单击，此时将显示相应的子菜单。在子菜单中上下移动鼠标进行选择，然后再单击要使用的菜单选项，即可选择此命令。如图 2-8 所示的图像就是选择"图层"|"新建"命令后的子菜单。

了解菜单命令的状态，对于正确使用 Photoshop 是非常重要的，因为状态不同，其使用方法也是不一样的。

1. 子菜单命令

在 Photoshop CC 中，某些命令从属于一个大的菜单项，且本身又具有多种变化或操作方法，为了使菜单组织更加有序，Photoshop 采用了子菜单模式，如图 2-8 所示。此类菜单命令的共同点是在其右侧有一个黑色的小三角形。

图 2-8　子菜单

2. 不可执行的菜单命令

许多菜单命令都有一定的运行条件，当条件缺乏时，该命令就不能被执行，此时菜单命令以灰色显示。

3. 带有对话框的菜单命令

在 Photoshop CC 中，多数菜单命令被执行后都会弹出对话框，用户可以在对话框中进行参数设置，以得到需要的效果。此类菜单命令的共同点是其名称后带有省略号。

2.1.2　工具箱

Photoshop CC 的工具箱中有很多工具图标，其中工具的右下角带有三角形图标表示这是一个工具组，每个工具组中又包含多个工具。在工具组上右击即可弹出隐藏的工具。左击工具箱中的某一个工具，即可选择该工具，如图 2-9 所示。

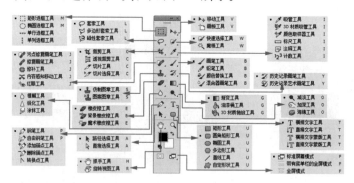

图 2-9　工具箱

提示

Photoshop 从 CS3 版本后，只要在工具箱顶部单击三角形转换符号，就可以将工具箱的形状在单长条和短双条之间变换。

2.1.3　选项栏

Photoshop 的选项栏提供了控制工具属性的选项，其显示内容根据所选工具的不同而发生变化。选择相应的工具后，Photoshop 的选项栏将显示该工具可使用的功能和可进行的编辑操作等。选项栏一般被固定存放在菜单栏的下方。如图 2-10 所示的就是在工具箱中单击

□ (矩形选框工具)后，显示的该工具的选项栏。

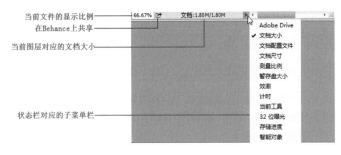

图 2-10　矩形选框工具选项栏

2.1.4　状态栏

状态栏在图像窗口的底部，用来显示当前打开文件的一些信息，如图 2-11 所示。单击三角符号打开子菜单，即可显示状态栏包含的所有可显示选项。

图 2-11　状态栏

其中各选项的含义介绍如下。

- Adobe Drive：用来连接 Version Cue 服务器中的 Version Cue 项目，可以让设计人员合理地处理公共文件，从而让设计人员轻松跟踪或处理多个版本的文件。
- 文档大小：在图像所占空间中显示当前所编辑图像的文档大小情况。
- 文档配置文件：在图像所占空间中显示当前所编辑图像的图像模式，如 RGB 颜色、灰度、CMYK 颜色等。
- 文档尺寸：显示当前所编辑图像的尺寸大小。
- 测量比例：显示当前进行测量时的比例。
- 暂存盘大小：显示当前所编辑图像占用暂存盘的大小情况。
- 效率：显示当前所编辑图像操作的效率。
- 计时：显示当前所编辑图像操作所用去的时间。
- 当前工具：显示当前进行编辑图像时用到的工具名称。
- 32 位曝光：编辑图像曝光只在 32 位图像中起作用。
- 存储进度：Photoshop CC 新增功能，用来显示后台存储文件时的时间进度。
- 智能对象：Photoshop CC 新增功能，用来显示智能化的丢失信息和已更改的信息。

2.1.5　面板组

Photoshop 从 CS3 版本以后的面板组，可以将不同类型的面板归类到相对应的组中并将其停靠在右边面板组中。用户在处理图像时，需要哪个面板只要单击标签就可以快速找到相对应的面板从而不必再到菜单中打开。Photoshop CC 版本在默认状态下，只要从菜单栏中打开"窗口"菜单，可以在子菜单中选择相应的面板命令，之后该面板就会出现在面板组中。

如图 2-12 所示的就是在展开状态下的面板组。

　　工具箱和面板组默认时处于固定状态，只要使用鼠标拖动相应的标题栏到工作区域，就可以将固定状态变为浮动状态。

　　当工具箱或面板组处于固定状态时关闭，再打开后工具箱或面板组仍然处于固定状态；当工具箱或面板组处于浮动状态时关闭，再打开后工具箱或面板组仍然处于浮动状态。

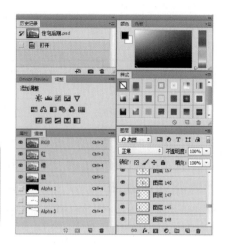

图 2-12　　面板组

2.1.6　文档窗口

　　文档窗口是 Photoshop 显示、绘制和编辑图像的主要操作区域，用于显示用户正在处理的文件。文档窗口的标题栏中，除了显示有当前图像的名称外，还显示有图像的显示比例、色彩模式等信息。可以将文档窗口设置为选项卡式窗口，并且在某些情况下可以进行分组和停放。

2.2　图像操作的基本概念

　　在开始学习效果图处理之前，应先了解一些有关图像方面的专业知识，这将有利于处理图像。本节将介绍一些最基本的与图像相关的概念。

2.2.1　图像类型

　　图像文件大致可分为两大类：一类为位图图像；一类为矢量图像。了解和掌握这两类图像的差异，对于创建、编辑和导入图像都有很大帮助。

1. 位图

　　位图图像，也被称为点阵图像或绘制图像，是由称作像素（图片元素）的单个点组成的。这些点可以进行不同的排列和染色以构成图样。当放大位图时，可以看见赖以构成整个图像的无数个方块。扩大位图尺寸的效果是增大单个像素，从而使线条和形状显得参差不齐。然而，如果从稍远的位置观看它，位图图像的颜色和形状又显得是连续的。常用的位图处理软件是Photoshop。

　　将一幅位图图像放大显示时，其效果如图 2-13 所示。可以看出，将位图图像放大后，图像的边缘产生了明显的锯齿状。

2. 矢量图

　　矢量图也叫面向对象绘图，是用数学方式描述的曲线及曲线围成的色块制作的图形。它们是在计算机内部表示成一系列的数值而不是像素点，这些值决定了图形如何在屏幕上显示。

用户所做的每一个图形、打印的每一个字母都是一个对象，每个对象都可以决定其外形的路径，一个对象与别的对象相互隔离，因此用户可以自由地改变对象的位置、形状、大小和颜色。同时，由于这种保存图形信息的办法与分辨率无关，因此无论放大或缩小多少，都有一样平滑的边缘，一样的视觉细节和清晰度。

矢量图像尤其适用于标志设计、图案设计、文字设计、版式设计等，它所生成的文件也比位图文件要小。基于矢量绘画的软件有 CorelDRAW、Illustrator、Freehand 等。

将一幅矢量图形放大显示时，其效果如图 2-14 所示。可以看到，将矢量图像放大后，矢量图像的边缘并没有产生锯齿效果。

图 2-13　位图　　　　　　　　　　　　图 2-14　矢量图

　　如果希望位图图像放大后边缘保持光滑，就必须增加图像中的像素数目，此时图像占用的磁盘空间就会加大。在 Photoshop 中，除了路径外，遇到的图形均属于位图一类的图像。

注　意

　　矢量图进行任意缩放都不会影响分辨率，矢量图像的缺点是不能表现色彩丰富的自然景观与色调丰富的图像。

由此可以看出，位图与矢量图最大的区别在于：基于矢量图的软件原创性比较大，主要长处在于原始创作；而基于位图的处理软件，后期处理比较强，主要长处在于图片的处理。比较矢量图和位图的差别可以看到，放大的矢量图的边和原图一样是光滑的，而放大的位图的边就带有锯齿状。

但是又不能说基于位图处理的软件就只能处理位图，相反基于矢量图处理的软件只能处理矢量图。例如，CorelDRAW 虽然是基于矢量的程序，但它不仅可以导入（或导出）矢量图像，甚至还可以利用 CorelTrace 将位图转换为矢量图，也可以将 CorelDRAW 中创建的图像转换为位图导出。

2.2.2　图像格式

图像格式就是存储图像数据的方式，它决定了图像的压缩方法；支持何种 Photoshop 功能以及文件是否与一些文件相兼容等属性。下面介绍一些常见的图像格式。

- **PSD**：该格式是 Photoshop 的默认存储格式，能够保存图层、蒙版、通道、路径、未栅格化的文字、图层样式等。在一般情况下，保存文件都采用这种格式，以便随时进行修改。PSD 格式应用非常广泛，可以直接将这种格式的文件置入 Illustrator、InDesign、Premiere 等 Adobe 软件中。
- **PSB**：该格式是一种大型文档格式，可以支持最高达到 30 万像素的超大图像文件。它支持 Photoshop 的所有功能，可以保存图像的通道、图层样式和滤镜效果不变，但是只能在 Photoshop 中打开。
- **BMP**：该格式是微软开发的固有格式，这种格式被大多数软件支持。此格式采用了一种叫 RLE 的无损压缩方式，对图像质量不会产生什么影响。BMP 格式主要用于保存位图图像，支持 RGB、位图、灰度和索引颜色模式，但是不支持 Alpha 通道。
- **GIF**：该格式是输出图像到网页最常用的格式。采用 LZW 压缩，支持透明背景和动画，被广泛应用在网络中。
- **DICOM**：该格式通常用于传输和保存医学图像，如超声波和扫描图像。此种文件格式包含图像数据和标头，其中存储了有关医学图像的信息。
- **EPS**：该格式是为 PostScript 打印机上输出图像而开发的文件格式，是处理图像工作中最重要的格式，被广泛应用在 Mac 和 PC 环境下的图形设计与版面设计中，几乎所有图像、图表和页面排版程序都支持这种格式。
- **IFF**：该格式由 Commodore 公司开发，由于该公司已退出了计算机市场，因此 IFF 格式也将逐渐被废弃。
- **JPEG**：该格式是平时最常用的一种图像格式。它是一个最有效、最基本的有损压缩格式，被绝大多数的图形处理软件所支持。
- **DCS**：该格式是 Quark 开发的 EPS 格式的变种，主要在支持这种格式的 QuarkXPress、PageMaker 和其他应用软件上工作。DCS 格式便于分色打印，Photoshop 在使用 DCS 格式时，必须转换成 CMYK 颜色模式。
- **PCX**：该格式是 DOS 格式下的古老程序 PC PaintBrush 固有格式的扩展名，目前并不常用。
- **PDF**：该格式是由 Adobe Systems 创建的一种文件格式，允许在屏幕上查看电子文档。PDF 文件还可被嵌入 Web 的 HTML 文档中。
- **RAW**：该格式是一种灵活的文件格式，主要用于在应用程序与计算机平台之间传输图像。RAW 格式支持具有 Alpha 通道的 CMYK、RGB 和灰度模式以及无 Alpha 通道的多通道、Lab、索引和双色调模式。
- **PXR**：该格式是专为高端图像应用程序设计的文件格式，它支持具有单个 Alpha 通道的 RGB 和灰度图像。
- **PNG**：该格式是专为 Web 开发的，是一种将图像压缩到 Web 上的文件格式。PNG 格式与 GIF 格式不同的是，PNG 格式支持 24 位图像并产生无锯齿状的透明背景。PNG 格式由于可以实现无损压缩，并且可以存储透明区域，因此常用来存储透明背景的素材。
- **SCT**：该格式支持灰度图像、RGB 图像和 CMYK 图像，但是不支持 Alpha 通道，主要用于 Scitex 计算机上的高端图像处理。
- **TGA**：该格式专用于使用 Truevision 视频板的系统，它支持一个单独 Alpha 通道

的 32 位 RGB 文件以及无 Alpha 通道的索引、灰度模式，并且支持 16 位和 24 位的
RGB 文件。

提 示

在渲染 3ds Max 图像时，尽量存储为 TGA 格式，因为该格式是带有通道的一种
格式。所以，可以根据通道选择图像。

● TIFF：该格式是一种通用的文件格式，所有绘画、图像编辑和排版程序都支持该格
式，而且几乎所有桌面扫描仪都可以产生 TIFF 图像。TIFF 格式支持具有 Alpha 通
道的 CMYK、RGB、Lab、索引颜色和灰度图像以及没有 Alpha 通道的位图图像。
Photoshop 可以在 TIFF 文件中存储图层和通道，但如果在另外一个应用程序中打开
该文件，那么只有拼合图像才是可见的。

● 便携位图格式 PBM：支持单色位图 (即 1 位 / 像素)，可以用于无损数据传输。因
为许多应用程序都支持这种格式，所以可以在简单的文本编辑器中编辑或创建这类
文件。

2.2.3　像素

像素是由图像 (Picture) 和元素 (Element) 两个单词的字母所组成的，是用来计算数码影
像的一种单位，如同摄影的相片一样。可以将一幅图像看成是由无数个点组成的，其中，组
成图像的一个点就是一个像素，像素是构成图像的最小单位，它的形态是一个小方块。如果
把位图图像放大到数倍，会发现这些连续的色调其实是由许多色彩相近的小方块组成的，而
这些小方块就是构成位图图像的最小单位"像素"。越高位的像素，其拥有的色板也就越丰富，
越能表达颜色的真实感。

2.2.4　分辨率

分辨率决定了位图图像细节的精细程度。

通常情况下，图像的分辨率越高，所包含的像素就越多，图像就越清晰，印刷的质量也
就越好。同时，它也会增加文件占用的存储空间。如图 2-15 和图 2-16 所示为将位图放大数
倍显示出的像素点状态。

图 2-15　100% 显示图像　　　　　图 2-16　放大后的图像

在 Photoshop 中，图像像素被直接转换为显示器的像素。这样，如果图像分辨率比显示器图像分辨率高，那么图像在屏幕上显示的尺寸要比它实际打印尺寸要大。

计算机在处理分辨率较高的图像时速度会变慢，另外图像在存储或者网上传输时，会消耗大量的磁盘空间和传输时间，所以在设置图像时最好根据图像的用途改变图像分辨率。在更改分辨率时要考虑图像显示效果和传输速度。

图像分辨率直接影响到图像的最终效果。图像在打印与输出之前，都是在计算机屏幕上操作的，对于打印与输出则应根据其用途不同而有不同的设置要求。分辨率有很多种，经常接触到的分辨率概念有以下几种。

1. 屏幕分辨率

屏幕分辨率是指计算机屏幕上的显示精度，是由显卡和显示器共同决定的。一般以水平方向与垂直方向像素的数值来反映。例如 1024×768 像素表示水平方向的像素值是 1024 像素，而垂直方向的像素值是 768 像素。

2. 打印分辨率

打印分辨率又称打印精度，是由打印机的品质决定的。一般以打印出来的图纸上单位长度中墨点的多少来反映(以水平方向×垂直方向来表示)，单位为 dpi(像素/英寸)。打印分辨率越高，意味着打印的喷墨点越精细，表现在打印出的图纸上是直线更挺、斜线的锯齿更小，色彩也更加流畅。

3. 图像的输出分辨率

图像的输出分辨率是与打印机分辨率、屏幕分辨率无关的另一个概念，它与一个图像自身所包含的像素的数量(图像文件的数据尺寸)以及要求输出的图幅大小有关，一般以水平方向或垂直方向上单位长度中的像素数值来反映，单位为 ppi 或 ppc，如 500ppi、75ppc 等。图像的输出分辨率计算公式为：输出分辨率×图幅大小(宽或高)=图像文件的数据尺寸(对应的宽或高)。由此可见，随着输出分辨率的提高，图像文件的数据尺寸也会相应增大，给计算机中的运算和文件存储增加了负担。因此，应当选择合适的输出分辨率，而不是输出分辨率越高越好。

2.2.5 图层

Photoshop 中的图层相当于绘图中使用的重叠的图纸。可以将合成后的图像分别放置到不同的图层中，在编辑处理相应图层中的图像时不会影响到其他图层中的图像，就好比在一张图片上创建了选区。如图 2-17 所示的图像为擦除"图层 5"图层中的部分图像，此时会发现下面图层中的图像没有被擦除。

这种分层作图的工作方式将极大提高后期修改的便利度，也最大可能地避免了重复劳动。

因此，将图像分图层制作是明智的。

图 2-17　查看图层

当然，Photoshop 的图层概念不仅如此，而且还可以对图层进行不同的编辑操作，使图层之间能够得到一些不同的特殊效果。因为图层是很重要的一个知识点，所以将在后面小节中详细介绍。

2.2.6　路径

Photoshop 中使用钢笔工具可以绘制精确的矢量图像，还可以通过创建的路径对图像进行选取，转换成选区后即可对选择区域进行相应编辑或创建蒙版，通过"路径"调板可以对创建的路径进行进一步的编辑，如图 2-18 所示。

图 2-18　路径

- ● (用前景色填充路径) 按钮：确定创建有路径，单击该按钮，可以填充路径为前景色。
- ○ (用画笔描边路径) 按钮：确定当前创建有路径，单击该按钮，可以为当前路径创建描边，描边为前景颜色。
- ∷ (将路径作为选区载入) 按钮：单击该按钮，可以将当前绘制的路径载入为选区。

- ⟐ (从选区生成工作路径) 按钮：单击该按钮，可以将选区转换为路径。
- ▣ (添加矢量蒙版) 按钮：该按钮与"图层"面板中的添加矢量蒙版按钮相同。都是为选区添加一个蒙版层。
- ▢ (创建新路径) 按钮：单击该按钮，可以创建新的路径层。
- 🗑 (删除当前路径) 按钮：选择一个路径层，单击该按钮，即可删除当前的路径层。

通常情况下，路径需要使用路径工具来进行绘制和编辑。下面介绍的是工具箱中的路径绘制和编辑工具。

- ✐ (钢笔工具) 按钮：以锚点方式创建区域路径，主要用于绘制矢量图像和选取对象。
- ✐ (自由钢笔工具) 按钮：用于绘制比较随意的图像。
- ✚ (添加锚点工具) 按钮：将光标放在路径上，单击即可添加一个锚点。
- ✎ (删除锚点工具) 按钮：删除路径上已经创建的锚点。
- ⊩ (转换点工具) 按钮：用来转换锚点的类型 (角点和平滑点)。
- ▶ (路径选择工具) 按钮：在路径浮动窗口内选择路径，可以显示出锚点。
- ▷ (直接选择工具) 按钮：只移动两个锚点之间的路径。

2.2.7 通道

Photoshop 中的通道因颜色模式的不同而产生不同的通道。在通道中显示的图像只有黑、白两种颜色。Alpha 通道是计算机图形学中的术语，指的是特别的通道。通道中白色部分会在图层中创建选区，黑色部分就是选区以外的部分，而灰色部分是由黑、白两色的过渡产生的选区，会有羽化效果。在图层中创建的选区可以储存到通道中。如图 2-19 ～ 图 2-21 所示的图像分别为同一张图像在 RGB 颜色模式、CMYK 颜色模式和 Lab 颜色模式下的通道。

图 2-19　RGB 通道　　　　图 2-20　CMYK 通道　　　　图 2-21　Lab 通道

2.2.8 蒙版

Photoshop 中的蒙版可以对图像的某个区域进行保护，在运用蒙版处理图像时不会对图像进行破坏，如图 2-22 所示，使用蒙版选取模型时一般是结合通道来制作蒙版的。在快速蒙版状态下可以通过画笔工具、橡皮擦工具或选区工具来增加或减少蒙版范围。在图层蒙版中，蒙版可以将该图层中的局部区域进行隐藏，但不会对图层中的图像进行破坏，如图 2-23 所示。

图 2-22　沙发的蒙版

图 2-23　图层蒙版

在 Photoshop 中，蒙版的作用就是用来遮盖图像。这一点从蒙版的概念中也能体现出来。与 Alpha 通道相同的是，蒙版也使用黑、白、灰来标记。系统默认状态下，黑色区域用来遮盖图像、白色区域用来显示图像，而灰色区域则表现出图像若隐若现的效果。

除了快速蒙版之外，Photoshop 软件中还有一种图层蒙版，可以控制当前图层中的不同区域如何被隐藏或显示。通过修改图层蒙版，可以制作各种特殊效果，而实际上并不会影响该图层上的像素。

图层蒙版只以灰度显示，其中白色部分对应的该层图像内容完全显示，黑色部分对应的该层图像内容完全隐藏，中间灰度对应的该层图像内容产生相应的透明效果。另外，对于图像的背景层是不可以加入图层蒙版的。

2.3　提高 Photoshop 的工作效率

下面通过一些设置来提高制作的工作效果。

2.3.1　优化工作界面

运行 Photoshop 界面，首先看到的是文档窗口和一些标准的工具、面板、命令等，如图 2-24 所示。

将一些不需要的面板拖曳出来，将其关闭，并将一些常用的面板放置到一列中，如图 2-25 所示，这样可以减少占用软件的制图空间。

图 2-24　启动的 Photoshop 界面　　　　图 2-25　拖曳出面板

> 如果在以后的制作中需要打开已经关闭掉的面板时，选择"窗口"菜单中对应的面板命令，即可将其打开。

如果一次打开了多个文件，可以选择菜单栏中的"窗口"|"排列"命令，在弹出的子菜单中根据情况选择文件排列样式，如图 2-26 所示。排列后的窗口如图 2-27 所示。

图 2-26　"排列"子菜单

图 2-27　排列后的窗口

另一个优化工作界面的方法就是工具箱中的屏幕模式。

- （标准屏幕模式）：该模式可以显示菜单栏、标题栏、滚动条和其他屏幕元素。
- （带有菜单栏的全屏模式）：该模式可以显示菜单栏、50% 的灰色背景、无标题栏和滚动条的全屏窗口。
- （全屏模式）：该模式只显示黑色背景和图像窗口，如果要退出全屏模式，可以按 Esc 键。如果按 Tab 键，将切换到带有面板的全屏模式，这种模式是最为简洁的模式。在使用时最好是掌握各种命令和工具的快捷键才可以灵活运用。

2.3.2　文件的快速切换

在 Photoshop 中如果打开多个文件，打开的这些文件只排列到一个窗口中，如图 2-28 所示。在这种情况下想要切换到其他的文件中，可以单击文档窗口右上角的 >> 扩展箭头，弹出文件的名称，从中可以选择文件，即可切换到相应的效果中，如图 2-29 所示。

图 2-28　打开的多个文件

图 2-29　切换文件的菜单

切换文档效果的快捷键为 Ctrl+Tab。

2.3.3 其他优化设置

下面介绍如何设置缓存、历史记录等首选项设置。

在菜单栏中选择"编辑"|"首选项"命令，在弹出的"首选项"对话框中设置暂存盘，这里选择了 C、D、E 3 个盘符，这样可以避免因为一个暂存盘的空间不够而停止工作，如图 2-30 所示。

图 2-30　设置暂存盘

选择"文件处理"选项，在右侧的面板中可以设置"自动存储恢复信息的间隔"和"近期文件列表包含"多少个文件，从中可以设置自己需要的恢复、存储时间和打开文件中的最近文件个数，如图 2-31 所示。

图 2-31　设置文件处理

选择"工具"选项，在右侧的选项组中选中"用滚轮缩放"复选框，这样在制作中可以不用切换到放大镜工具和输入数据来调整窗口效果的大小了，直接用滚轴来调整缩放即可，如图 2-32 所示。

图 2-32　设置工具

选择"工作区"选项，在右侧的选项组中选中"自动折叠图标面板"复选框，这样在不使用面板的时候将自动折叠起来，方便处理图像，如图 2-33 所示。

图 2-33　设置工作区

可以看一下其他的首选项设置，根据自己的情况来设置一个方便制作的首选项快捷模式。

2.4 Photoshop 中的图层功能

对图层进行操作可以说是 Photoshop CC 中使用最为频繁的一项工作。通过建立图层，然后在各个图层中分别编辑图像中的各个元素，可以产生既富有层次，又彼此关联的整体图像效果。所以在编辑图像的同时图层是必不可缺的。

2.4.1　图层的概述

每一个图层都是由许多像素组成的，而图层又通过上下叠加的方式来组成整个图像。打个比喻，每一个图层就好似是一块透明的"玻璃"，而图层内容就画在这些"玻璃"上，如果"玻璃"什么都没有，这就是一个完全透明的空图层，当各"玻璃"都有图像时，自上而下俯视所有图层，从而形成图像显示效果。对图层的编辑可以通过菜单或面板来完成。图层被存放在"图层"面板中，其中包含当前图层、文字图层、背景图层、智能对象图层等。选择"窗口"|"图层"命令，即可打开"图层"面板。"图层"面板中所包含的内容如图 2-34 所示。

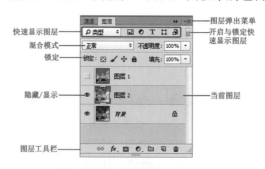

图 2-34　"图层"面板

- 图层弹出菜单：单击此按钮可弹出"图层"面板的编辑菜单，用于在图层中的编辑操作。
- 快速显示图层：用来对多图层文档中的特色图层进行快速显示。在下拉列表中包含"类型"、"名称"、"效果"、"模式"、"属性"和"颜色"。当选择某个选项时，在右侧会出现与之相对应选项，例如选择"类型"时，在右侧会出现显示调整图层内容、显示文字图层、显示路径等。
- 开启与锁定快速显示图层：单击滑块到上面时激活快速显示图层功能，滑块到下面时会关闭此功能，使面板恢复老版本"图层"面板的功能。
- 混合模式：用来设置当前图层中图像与下面图层中图像的混合效果。
- 不透明度：用来设置当前图层的透明程度。

- 锁定：包含锁定透明像素、锁定图像像素、锁定位置和锁定全部。
- 图层的显示与隐藏：单击眼睛图标即可将图层在显示与隐藏之间转换。
- ⨯ (链接图层)按钮：可以将选中的多个图层进行链接。
- *fx.* (添加图层样式)按钮：单击此按钮可弹出"图层样式"下拉列表，在其中可以选择相应的样式到图层中。
- ▣ (添加图层蒙版)按钮：单击此按钮可为当前图层创建一个蒙版。
- ◑. (创建新的填充或调整图层)按钮：单击此按钮可以选择相应的填充或调整命令，之后会在"调整"面板中进行进一步的编辑。
- ▭ (创建新组)按钮：单击此按钮会在"图层"面板中新建一个用于放置图层的组。
- ▢ (创建新图层)按钮：单击此按钮会在"图层"面板中新建一个空白图层。
- ▥ (删除图层)按钮：单击此按钮可以将当前图层从"图层"面板中删除。

2.4.2 图层的混合模式

图层混合模式通过将当前图层中的像素与下面图层中的像素相混合从而产生奇幻效果。当"图层"面板中存在两个以上的图层时，在上面图层设置"混合模式"后，会在"工作窗口"中看到该模式后的效果。

在具体讲解图层混合模式之前先向大家介绍 3 种色彩概念。

- 基色：指的是图像中的原有颜色，也就是要用混合模式选项时，两个图层中下面的那个图层。
- 混合色：指的是通过绘画或编辑工具应用的颜色，也就是要用混合模式选项时，两个图层中上面的那个图层。
- 结果色：指的是应用混合模式后的色彩。

打开两个图像并将其放置到一个文档中，此时在"图层"面板中两个图层中的图像分别是上面的图层图像，如图 2-35 所示；还有下面的图层图像，如图 2-36 所示。

在"图层"面板中单击图层混合模式列表框，会弹出如图 2-37 所示的模式下拉列表。其中的各选项含义介绍如下。

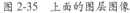

图 2-35 上面的图层图像

图 2-36 下面的图层图像　　图 2-37 图层混合模式列表

- 正常：系统默认的混合模式，"混合色"的显示与不透明度的设置有关。当"不透明度"为100%时，上面图层中的图像区域会覆盖下面图层中该部位的区域。只有当"不透明度"小于100%时才能实现简单的图层混合，如图2-38所示的效果为"不透明度"等于50%。

- 溶解：当"不透明度"为100%时，该选项不起作用。只有当"不透明度"小于100%时，"结果色"由"基色"或"混合色"的像素随机替换，如图2-39所示。

图 2-38　"正常"混合模式的效果　　　　图 2-39　"溶解"混合模式的效果

- 变暗：选择"基色"或"混合色"中较暗的颜色作为"结果色"。比"混合色"亮的像素被替换，比"混合色"暗的像素保持不变。"变暗"混合模式将导致比背景颜色淡的颜色从"结果色"中被去掉。如图2-40所示为"不透明度"等于50%。
- 正片叠底：将"基色"与"混合色"复合。"结果色"总是较暗的颜色。任何颜色与黑色复合产生黑色，任何颜色与白色复合保持不变。这种混合模式的效果如图2-41所示。

图 2-40　"变暗"混合模式的效果　　　　图 2-41　"正片叠底"混合模式的效果

- 颜色加深：通过增加对比度使"基色"变暗以反映"混合色"，如果与白色混合将不会产生变化。"颜色加深"混合模式创建的效果和"正片叠底"混合模式创建的效果比较类似，如图2-42所示。
- 线性加深：通过减小亮度使"基色"变暗以反映"混合色"。如果"混合色"与"基色"上的白色混合，将不会产生变化。这种混合模式的效果如图2-43所示。
- 深色：两个图层混合后，通过"混合色"中较亮的区域被"基色"替换来显示"结果色"，如图2-44所示。
- 变亮：选择"基色"或"混合色"中较亮的颜色作为"结果色"。比"混合色"暗的像素被替换，比"混合色"亮的像素保持不变。在这种与"变暗"混合模式相反的模式下，较淡的颜色区域在最终的"结果色"中占主要地位。较暗区域并不出现在最终的"结果色"中，如图 2-45 所示。

图 2-42 "颜色加深"混合模式的效果

图 2-43 "线性加深"混合模式的效果

图 2-44 "深色"混合模式的效果

图 2-45 "变亮"混合模式的效果

- 滤色："滤色"混合模式与"正片叠底"混合模式正好相反，它将图像的"基色"与"混合色"结合起来产生比两种颜色都浅的第 3 种颜色，如图 2-46 所示。
- 颜色减淡：通过减小对比度使"基色"变亮以反映"混合色"，与黑色混合则不发生变化。应用"颜色减淡"混合模式时，"基色"上的暗区域都将会消失，如图 2-47 所示。

图 2-46 "滤色"混合模式的效果

图 2-47 "颜色减淡"混合模式的效果

- 线性减淡：通过增加亮度使"基色"变亮以反映"混合色"，与黑色混合时不发生变化，如图 2-48 所示。
- 浅色：两个图层混合后，通过"混合色"中较暗的区域被"基色"替换来显示"结

果色"，效果与"变亮"混合模式类似，如图 2-49 所示。

图 2-48　"线性减淡"混合模式的效果　　　　图 2-49　"浅色"混合模式的效果

- 叠加：把图像的"基色"与"混合色"相混合产生一种中间色。"基色"比"混合色"暗的颜色会加深，比"混合色"亮的颜色将被遮盖，而图像内的高亮部分和阴影部分保持不变，因此对黑色或白色像素着色时，"叠加"混合模式不起作用，如图 2-50 所示。

- 柔光：可以产生一种柔光照射的效果。如果"混合色"比"基色"的像素更亮一些，那么"结果色"颜色将更亮；如果"混合色"比"基色"的像素更暗一些，那么"结果色"颜色将更暗，使图像的亮度反差增大，如图 2-51 所示。

图 2-50　"叠加"混合模式的效果　　　　　　图 2-51　"柔光"混合模式的效果

- 强光：可以产生一种强光照射的效果。如果"混合色"比"基色"的像素更亮一些，那么"结果色"颜色将更亮；如果"混合色"比"基色"的像素更暗一些，那么"结果色"颜色将更暗。除了根据背景中的颜色而使背景色是多重的或屏蔽的之外，这种混合模式实质上同"柔光"混合模式是一样的。它的效果要比"柔光"混合模式更强烈一些，如图 2-52 所示。

- 亮光：通过增加或减少对比度来加深或减淡颜色，具体取决于"混合色"。如果"混合色"（光源）比 50% 灰色亮，则通过减少对比度使图像变亮。如果"混合色"比 50% 灰色暗，则通过增加对比度使图像变暗，如图 2-53 所示。

- 线性光：通过增加或减少亮度来加深或减淡颜色，具体取决于"混合色"。如果"混合色"（光源）比 50% 灰色亮，则通过增加亮度使图像变亮。如果"混合色"比 50% 灰色暗，则通过减少亮度使图像变暗，如图 2-54 所示。

- 点光：主要就是替换颜色，其具体取决于"混合色"。如果"混合色"（光源）比

50% 灰色亮，则替换比"混合色"暗的像素，而不改变比"混合色"亮的像素。如果"混合色"比 50% 灰色暗，则替换比"混合色"亮的像素，而不改变比"混合色"暗的像素。这对于向图像添加特殊效果非常有用，如图 2-55 所示。

图 2-52　"强光"混合模式的效果

图 2-53　"亮光"混合模式的效果

图 2-54　"线性光"混合模式的效果

图 2-55　"点光"混合模式的效果

- 实色混合：根据"基色"与"混合色"相加产生混合后的"结果色"，该混合模式能够产生颜色较少、边缘较硬的图像效果，如图 2-56 所示。
- 差值：将从图像中"基色"的亮度值减去"混合色"的亮度值，如果结果为负，则取正值，产生反相效果。由于黑色的亮度值为 0，白色的亮度值为 255，因此用黑色着色不会产生任何影响，用白色着色则产生与着色的原始像素颜色的反相效果。"差值"混合模式创建背景颜色的相反色彩，如图 2-57 所示。

图 2-56　"实色混合"混合模式的效果

图 2-57　"差值"混合模式的效果

- 排除："排除"混合模式与"差值"混合模式相似，但是具有高对比度和低饱和度的特点。比用"差值"混合模式获得的颜色更柔和、更明亮一些，其中与白色混合将反转"基色"值，而与黑色混合则不发生变化，如图 2-58 所示。

● 减去："减去"混合模式是将"基色"与"混合色"中两个像素绝对值相减的值，其效果如图 2-59 所示。

图 2-58 "排除"混合模式的效果 　　　　　图 2-59 "减去"混合模式的效果

● 划分："划分"混合模式是将"基色"与"混合色"中两个像素绝对值相加的值，其效果如图 2-60 所示。

● 色相：用"混合色"的色相值进行着色，而使饱和度和亮度值保持不变。当"基色"与"混合色"的色相值不同时，才能使用描绘颜色进行着色，如图 2-61 所示。

图 2-60 "划分"混合模式的效果 　　　　　图 2-61 "色相"混合模式的效果

● 饱和度："饱和度"混合模式的作用方式与"色相"混合模式相似，它只用"混合色"的饱和度值进行着色，而使色相值和亮度值保持不变。当"基色"与"混合色"的饱和度值不同时，才能使用描绘颜色进行着色处理，如图 2-62 所示。

● 颜色：使用"混合色"的饱和度值和色相值同时进行着色，而使"基色"的亮度值保持不变。"颜色"混合模式可以看成是"饱和度"混合模式和"色相"混合模式的综合效果。该混合模式能够使灰色图像的阴影或轮廓透过着色的颜色显示出来，产生某种色彩化的效果。这样可以保留图像中的灰阶，并且对于给单色图像着色和给彩色图像着色都会非常有用，如图 2-63 所示。

● 明度：使用"混合色"的亮度值进行着色，而保持"基色"的饱和度和色相数值不变。其实就是用"基色"中的"色相"和"饱和度"以及"混合色"的亮度创建"结果色"。此模式创建的效果与"颜色"混合模式创建的效果相反，如图 2-64 所示。

图 2-62　"饱和度"混合模式的效果

图 2-63　"颜色"混合模式的效果

图 2 64　"明度"混合模式的效果

2.4.3　图层的属性

　　选择菜单栏中的"图层"|"重命名图层"命令，或者在需要更改图层的名称上快速双击鼠标左键，可以更改图层的名称，如图 2-65 所示。在图层上右击，在弹出的快捷菜单中选择合适的颜色，可以更改图层的显示颜色。如图 2-66 所示的是设置显示颜色为红色。同样，在快捷菜单中还可以选择命令以合并图层、快速导出等。

图 2-65　命名图层

图 2-66　设置图层的颜色

2.4.4　图层的操作

　　下面介绍图层的基本操作。

1. 新增图层

　　新增图层指的是在原有图层或图像上新建一个可用于参与编辑的图层。在"图层"面板

中新增图层的方法可分为 3 种，第 1 种是新建空白图层；第 2 种是通过当前文档中的"图层"面板来直接复制而得到的图层拷贝；第 3 种是将另外文档中的图像复制过来而得到的图层。创建新图层的操作方法如下：

- 在"图层"面板中直接单击 按钮，就会新创建一个图层，如图 2-67 所示。
- 在"图层"面板中拖动当前图层到 按钮上，即可得到该图层的拷贝，如图 2-68 所示。

图 2-67　直接创建图层

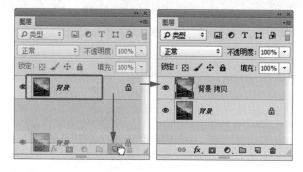

图 2-68　拖动复制图层

- 使用 拖动图像或选区内的图像到另一个文档中，此时会新建一个图层。

2. 使用菜单新增图层

1）新建图层的操作

选择菜单栏中的"图层"|"新建"|"图层"命令或按 Shift+Ctrl+N 快捷键，可以弹出如图 2-69 所示的"新建图层"对话框。在该对话框中可以设置图层的名称、颜色、模式、不透明度等属性。

2）直接复制图层

选择菜单栏中的"图层"|"复制图层"命令，可以弹出如图 2-70 所示的"复制图层"对话框。在该对话框中可以重新命名复制图层的名称和目标文档。

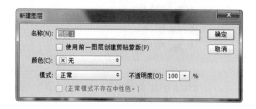

图 2-69　"新建图层"对话框

图 2-70　"复制图层"对话框

提示

选择菜单栏中的"图层"|"新建"|"通过复制的图层"命令或按 Ctrl+J 快捷键，可以快速复制当前图层中的图像到新图层中。

3. 显示与隐藏图层

显示与隐藏图层可以将被选择图层中的图像在文档中进行显示与隐藏。方法是在"图层"面板中单击 👁 图标即可将图层在显示与隐藏之间转换。

4. 选择图层并移动图像

使用鼠标在"图层"面板中的图层上单击即可选择该图层并将其变为当前工作图层。单击"图层"面板中的"人1"图层，再使用 ▶♦.（移动工具）在文档中按住鼠标拖动即可将"人1"图层中的图像进行移动，如图 2-71 所示。

图 2-71　选择图层后移动人物

> 　　按住 Ctrl 键或 Shift 键在"图层"面板中单击不同图层，可以选择多个未连续和连续的图层。

选择工具箱中的 ▶♦.（移动工具），在选项栏中设置"自动选择"功能后，在图像上单击，即可将该图像对应的图层选取，如图 2-72 所示。

图 2-72　设置移动的选项

5. 调整图层顺序

更改图层堆叠顺序指的是在"图层"面板中更改图层之间的上下顺序。更改的方法如下：

- 选择菜单栏中的"图层"|"排列"命令，在弹出的子菜单中选择相应命令就可以对图层的顺序进行改变。
- 在"图层"面板中拖动当前图层到该图层的上面图层以上或下面图层以下的缝隙处，此时鼠标指针会变成小手状，释放鼠标即可更改图层顺序，如图 2-73 所示。

6. 链接图层

链接图层可以将两个以上的图层链接到一起，被链接的图层可以被一同移动或变换。链接方法是在"图层"面板中按住 Ctrl 键，在要链接的图层上单击，将其选中后，单击"图层"面板底部的"链接图层"按钮，此时就会在链接图层中出现 ⑥ 链接符号，如图 2-74 所示。

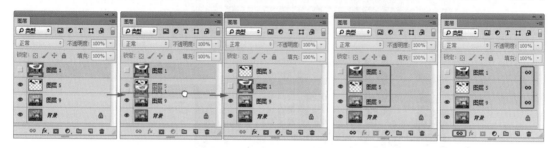

图 2-73　调整图层顺序　　　　　　　　　　　图 2-74　链接图层

7. 锁定图层

在"图层"面板中选择相应图层后，单击该面板中的锁定按钮即可将当前选取的图层进行锁定，这样的好处是编辑图像时会对锁定的区域进行保护。

1）锁定快速查找功能

在"图层"面板中单击"锁定快速查找功能"按钮，当变为█图标时，表示取消快速查找图层功能；当变为█图标时，表示启用快速查找图层功能。

2）锁定透明区域

图层透明区域将会被锁定，此时图层中的图像部分可以被移动并可以对其进行编辑。例如，使用画笔在图层上绘制时只能在有图像的地方绘制，透明区域是不能使用画笔的，如图 2-75 所示。

图 2-75　锁定透明区域

3) 锁定像素

图层内的图像可以被移动和变换，但是不能对该图层进行调整或应用滤镜。

4) 锁定位置

图层内的图像是不能被移动的，但是可以对该图层进行编辑。

5) 锁定全部

用来锁定图层的全部内容，使其不能进行操作。

8. 删除图层

删除图层指的是将选择的图层从"图层"面板中清除。方法是在"图层"面板中拖动选择的图层到 🗑 (删除图层)按钮上，即可将其删除。

当"图层"面板中存在隐藏图层时，选择菜单栏中的"图层"|"删除"|"隐藏图层"命令，即可将隐藏的图层删除。

9. 合并图层

1) 拼合图像

拼合图像可以将多图层图像以可见图层的模式合并为一个图层，被隐藏的图层将会被删除。选择菜单栏中的"图层"|"拼合图像"命令，可以弹出如图 2-76 所示的警告对话框，单击"确定"按钮，即可完成拼合。

2) 向下合并图层

向下合并图层可以将当前图层与下面的一个图层合并。选择菜单栏中的"图层"|"合并图层"命令或按 Ctrl+E 快捷键，即可完成当前图层与下一图层的合并。

3) 合并所有可见图层

合并所有可见图层可以将"图层"面板中显示的图层合并为一个单一图层，隐藏图层不被删除。选择菜单栏中的"图层"|"合并可见图层"命令或按 Shift+Ctrl+E 快捷键，即可将显示的图层合并。

4) 合并选择的图层

合并选择的图层可以将"图层"面板中被选择的图层合并为一个图层。方法是选择两个以上的图层后，选择菜单栏中的"图层"|"合并图层"命令或按 Ctrl+E 快捷键，即可将选择的图层合并为一个图层。

5) 盖印图层

盖印图层可以将"图层"面板中显示的图层合并到一个新图层中，原来的图层还存在。按 Ctrl+Shift+Alt+E 快捷键，即可将文件执行盖印功能，如图 2-77 所示。

图 2-76　是否扔掉隐藏图层

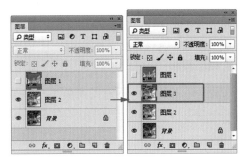

图 2-77　盖印图层

6）盖印选择的图层

盖印选择的图层可以将选择的多个图层盖印出一个合并图层，原图层还存在。按
Ctrl+Alt+E 快捷键，即可将选择的图层盖印一个合并后的图层。

7）合并图层组

合并图层组可以将整组中的图像合并为一个图层。在"图层"面板中选择图层组后，选
择菜单栏中的"图层"|"合并组"命令，即可将图层组中所有图层合并为一个单独图层.

2.4.5 图层的蒙版

图层蒙版可以理解为在当前图层上面覆盖一层玻璃片，这种玻璃片有透明和黑色不透
明两种，前者显示全部，后者隐藏部分。然后用各种绘图工具在蒙版上（即玻璃片上）涂色
（只能涂黑、白、灰色），涂黑色的地方蒙版变为不透明，看不见当前图层的图像，涂白色则
使涂色部分变为透明可看到当前图层上的图像，涂灰色使蒙版变为半透明，透明的程度由涂
色的深浅决定。

1. 创建图层蒙版

图像中存在选区时，单击 ◙（添加图层蒙版）按钮 ，可以在选区内创建透明蒙版，在选
区以外创建不透明蒙版； 按住 Alt 键的同时单击 ◙（添加图层蒙版）按钮 ，可以在选区内
创建不透明蒙版，在选区以外创建透明蒙版。

2. 显示与隐藏图层蒙版

创建蒙版后，可以通过显示与隐藏图层蒙版的方法对整体图像进行预览，查看一下添加
图层蒙版后与未添加图层蒙版之前的对比效果。操作方法是选择菜单栏中的"图层"|"蒙
版"|"停用"命令，或在蒙版缩略图上右击，在弹出的快捷菜单中选择"停用图层蒙版"命令，
此时在蒙版缩略图上会出现一个红叉，表示此蒙版应用被停用。再选择菜单栏中的"图层"|"蒙
版"|"启用"命令，或在蒙版缩略图上右击，在弹出的快捷菜单中选择"启用图层蒙版"命
令，即可重新启用蒙版效果。

3. 删除图层蒙版

删除图层蒙版指的是将添加的图层蒙版从图像中删掉。操作方法是创建蒙版后，选择菜
单栏中的"图层"|"蒙版"|"删除"命令，即可将当前应用的蒙版效果从图层中删除，图
像恢复原来效果。

拖动蒙版缩略图到"删除图层"按钮 🗑 上，此时系统会弹出如图 2-78 所示的提示框，
提示是否要在移去之前将蒙版应用到图层。单击 🗑（删除）按钮即可将图层蒙版从图像中
删除；单击"应用"按钮可以将蒙版与图像合成为一体 ； 单击"取消"按钮将不参与操作。

4. 应用图层蒙版

应用图层蒙版指的是将创建图层蒙版与图像合为一体。操作方法是创建蒙版后，选择菜
单栏中的"图层"|"蒙版"|"应用"命令，可以将当前应用的蒙版效果直接与图像合并，
如图 2-79 所示。

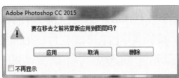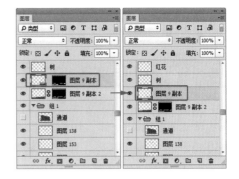

图 2-78　删除蒙版　　　　　　　　　图 2-79　应用蒙版

5. "属性"蒙版面板

当选择蒙版缩略图时，"属性"面板中会显示关于"蒙版"的参数设置，可以对创建的图层蒙版进行更加细致的调整，使图像合成更加细腻、处理更加方便。创建蒙版后，选择菜单栏中的"窗口"|"属性"命令，即可弹出如图 2-80 所示的"属性"蒙版面板。

图 2-80　"属性"蒙版面板

- ▣ (创建蒙版)：用来为图像创建蒙版或在蒙版与图像之间进行选择。
- ▯ (创建矢量蒙版)：用来为图像创建矢量蒙版或在矢量蒙版与图像之间进行选择。图像中不存在矢量蒙版时，只要单击该按钮，即可在该图层中新建一个矢量蒙版。
- 浓度：用来设置蒙版中黑色区域的透明程度，数值越大，蒙版缩略图中的颜色越接近黑色，蒙版区域也就越透明。
- 羽化：用来设置蒙版边缘的柔和程度，与选区羽化相类似。
- 蒙版边缘：可以更加细致地调整蒙版的边缘。单击该按钮会弹出"调整蒙版"对话框，设置各项参数即可调整蒙版的边缘。
- 颜色范围：用来重新设置蒙版的效果。单击该按钮弹出"色彩范围"对话框，设置各项参数即可调整颜色范围。
- 反相：单击该按钮可以将蒙版中的黑色与白色进行转换。
- ▦ (创建选区)按钮：单击该按钮可以从创建的蒙版中生成选区，被生成选区的部分是蒙版中的白色部分。
- ◈ (应用蒙版)按钮：单击该按钮可以将蒙版与图像合并，效果与菜单栏中的"图层"|"图层蒙版"|"应用蒙版"命令一致。

- 👁 （启用与停用蒙版）按钮：单击该按钮可以将蒙版在显示与隐藏之间进行转换。
- 🗑 （删除蒙版）按钮：单击该按钮可以将选择的蒙版缩略图从"图层"面板中删除。

2.5 将图像导入 Photoshop 中

选择菜单栏中的"文件"|"打开"命令或按 Ctrl+O 快捷键，在弹出的"打开"对话框中选择需要打开的文件，接着单击"打开"按钮即可打开该文件。在查找范围中可以通过此处设置打开文件的路径；在文件类型中可以用于筛选需要打开文件的类型，默认为"所有格式"，如图 2-81 所示。

图 2-81　打开图像

另外，Photoshop 可以记录最近使用过的 10 个文件，选择菜单栏中的"文件"|"最近打开文件"命令，在其子菜单中单击文件名即可将其在 Photoshop 中打开，执行底部的"清除最近"命令可以删除历史打开记录，但是首次启动 Photoshop 时，或者在运行 Photoshop 期间已经执行过"清除最近"命令后，都会导致"最近打开文件"命令处于灰色不可用状态。

选择一个需要打开的文件并右击，在弹出的快捷菜单中选择"打开方式"|Adobe Photoshop CC 命令，可以使用 Photoshop CC 快速打开该文件。也可以选择一个需要打开的文件，然后将其拖曳到 Photoshop CC 的应用程序图标上，即可快速打开该文件。

2.6 小结

本章主要介绍了 Photoshop CC 的工作界面、图像的类型和格式，并详细介绍了图层的相关内容。图层是 Photoshop 中一项重要的内容，各种素材和效果可以通过图层来辅助调整和制作，希望读者通过对本章的学习可以熟练掌握图层的使用。

第3章
常用的 Photoshop 工具和命令

　　本章介绍 Photoshop CC 中常用的工具和命令，其中主要介绍如何使用工具抠取素材图像；介绍素材的移动、缩放以及图像的编辑工具、渐变工具和图像的色彩调整命令等的应用。

课堂学习目标

- 了解素材的选择
- 了解素材的移动
- 了解素材的缩放
- 掌握如何编辑图像
- 了解渐变工具
- 掌握如何调整图像的色彩

3.1 选区的创建与编辑

在 Photoshop 中处理图像时,需要为图像指定一个有效的编辑区域,这个区域就是"选区"。创建选区的方法有多种,可以使用"选框工具"进行创建,也可以使用"钢笔工具"进行精确选区的制作,还可以基于色彩进行选区的制作。

选区不仅用于在选区中绘制或编辑选区中的内容,"抠图"也是选区的重要功能之一,制作出素材图像中需要保留的对象选区,然后将其从背景中分离出来,并与其他元素进行融合,这就是"合成"的重要步骤之一,如图 3-1 和图 3-2 所示。

图 3-1　素材图像　　　　　　　　　　图 3-2　添加飞鸟的效果图

Photoshop CC 中还包含一类以色调进行选择的工具,当需要选择的对象与背景之间的色调差异比较明显时,使用 🔍（魔棒工具）、 ✓（快速选择工具）、 ▣（磁性套索工具）和"色彩范围"命令可以快速地将对象分离出来。这些工具和命令都可以基于色调之间的差异来创建选区。如图 3-3 和图 3-4 所示,这是使用"快速选择工具"将前景对象抠选出来,并更换背景后的效果。

图 3-3　素材图像　　　　　　　　　　图 3-4　更换背景的图像

前面介绍的方法可以制作出精确的选区,但是遇到选区边缘复杂并且包含羽化效果的情况则需要使用通道抠图。通道抠图主要利用具体图像的色相差别或者明度差别用不同的方法建立选区。通道抠图法非常适合抠取毛发、婚纱、烟雾、玻璃以及具有运动模糊的物体。

3.1.1 选框工具

创建矩形选区与正方形选区可以使用 ▣（矩形选框工具）,按住 Shift 键可以创建正方形选区。如图 3-5 所示为 [:] (矩形选框工具) 的选项栏。

![图 3-5]

图 3-5　矩形选框工具的选项栏

- ■ (新选区)按钮：激活该按钮后，可以创建一个新选区。如果已经存在选区，那么新创建的选区将替代原来的选区。
- ▣ (添加到选区)按钮：激活该按钮后，可以将当前创建的选区添加到原来的选区中 (按住 Shift 键也可以实现相同的操作)。
- ▣ (从选区减去)按钮：激活该按钮后，可以将当前创建的选区从原来的选区中减去 (按住 Alt 键也可以实现相同的操作)。
- ▣ (与选区交叉)按钮：激活该按钮后，新建选区时只保留原有选区与新创建选区相交的部分(按住 Alt+Shift 快捷键也可以实现相同的操作)。
- 羽化：主要用来设置选区边缘的虚化程度。羽化值越大，虚化范围越宽； 羽化值越小，虚化范围越窄。如图 3-6 和图 3-7 所示的图像边缘锐利程度模拟羽化数值分别为 0 像素与 50 像素时的边界效果。

图 3-6　羽化值为 0 像素的效果　　　图 3-7　羽化值为 50 像素的效果

 提 示

　　当 Photoshop 弹出一个警告对话框提醒羽化后的选区将不可见 (选区仍然存在) 时，表明当前设置的"羽化"数值过大，以至于任何像素都不大于 50% 选择。

- 消除锯齿："矩形选框工具"的"消除锯齿"选项是不可用的，因为矩形选框没有不平滑效果，只有在使用"椭圆选框工具"时"消除锯齿"选项才可用。
- 样式：用来设置矩形选区的创建方法。
- 调整边缘：与选择菜单栏中的"选择"|"调整边缘"命令相同。单击该按钮可以打开"调整边缘"对话框，在该对话框中可以对选区进行平滑、羽化等处理。

制作椭圆选区和正圆选区可以使用 ○ (椭圆选框工具)，按住 Shift 键可以创建正圆选区。○ (椭圆选框工具)的选项栏与 [:] (矩形选框工具)的选项栏基本相同，这里就不重复介绍了。

创建高度或宽度为 1 像素的选区时可以使用 ▭ (单行选框工具) 和 ▯ (单列选框工具)，

这两种工具常用来制作网格效果,其选项栏参考 ⬚ (矩形选框工具)的选项栏即可。

3.1.2　套索工具

当需要自由绘制出形状不规则的选区时可以使用 ◯ (套索工具)。选择使用 ◯ (套索工具)后,在图像上拖曳光标绘制选区边界,松开鼠标左键时,选区将会进行自动闭合。如图 3-8 和图 3-9 所示为绘制选区边界和选区闭合。

图 3-8　绘制的选区　　　　　　　　　图 3-9　闭合的选区

◯ (多边形套索工具)与 ◯ (套索工具)的使用方法类似,但是 ◯ (多边形套索工具)更适合创建一些转角比较强烈的选区。在水平方向、垂直方向或 45° 方向上绘制直线,可以使用"多边形套索工具"绘制选区,然后按住 Shift 键。另外,按 Delete 键可以删除最近绘制的直线,如图 3-10 和图 3-11 所示。

图 3-10　绘制的选区　　　　　　　　　图 3-11　闭合的选区

◯ (磁性套索工具)特别适合快速选择与背景对比强烈且边缘复杂的对象,因为 ◯ (磁性套索工具)能够以颜色上的差异自动识别对象的边界。使用 ◯ (磁性套索工具)时,套索边界会自动对齐图像的边缘,如图 3-12 所示。

图 3-12　磁性套索工具绘制选区

◯ (磁性套索工具)的选项栏如图 3-13 所示。

图 3-13　磁性套索工具的选项栏

- 对比度：该选项主要用来设置"磁性套索工具"感应图像边缘的灵敏度。如果对象的边缘比较清晰，可以将该值设置得高一些 ；如果对象的边缘比较模糊，可以将该值设置得低一些。
- 频率：在使用"磁性套索工具"勾画选区时，Photoshop 会生成很多锚点，"频率"选项就是用来设置锚点的数量。数值越高，生成的锚点越多，捕捉到的边缘越准确，但是可能会造成选区不够平滑。如图 3-14 和图 3-15 所示分别是"频率"为 10 和 100 时生成的锚点。

图 3-14　频率为 10 的套索锚点　　　　图 3-15　频率为 100 的套索锚点

- ⌖（钢笔压力）按钮： 如果计算机配有数位板和压感笔，则可以激活该按钮，Photoshop 会根据压感笔的压力自动调节⌖（磁性套索工具）的检测范围。

3.1.3　快速选择工具与魔棒工具

使用⌖（快速选择工具），拖曳笔尖时，选区范围不但会向外扩张，而且还可以自动寻找并沿着图像的边缘来描绘边界。使用⌖（快速选择工具）可以利用可调整的圆形笔尖迅速绘制出选区。⌖（快速选择工具）的选项栏如图 3-16 所示。

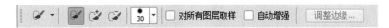

图 3-16　快速选择工具的选项栏

- 选区运算按钮：激活⌖（新选区）按钮，可以创建一个新的选区；激活⌖（添加到选区）按钮，可以在原有选区的基础上添加新创建的选区 ； 激活⌖（从选区减去）按钮，可以在原有选区的基础上减去当前绘制的选区。
- ⌖"画笔"选择器 ：单击倒三角按钮，可以在弹出的"画笔"选择器中设置画笔的大小、硬度、间距、角度以及圆度。在绘制选区的过程中，可以按] 键和 [键增大或减小画笔的大小。
- 对所有图层取样：如果选中该复选框，Photoshop 会根据所有图层建立选区范围，而不仅是只针对当前图层。
- 自动增强 ：降低选区范围边界的粗糙度和块效应。

3.1.4 魔棒工具

(魔棒工具)在实际工作中的使用频率相当高，使用(魔棒工具)在图像中单击就能选取颜色差别在容差值范围之内的区域，其选项栏如图 3-17 所示。

图 3-17　魔棒工具的选项栏

- 容差：决定所选像素之间的相似性或差异性，其取值范围为 0 ～ 255。数值越低，对像素的相似程度的要求越高，所选的颜色范围就越小；数值越高，对像素的相似程度的要求越低，所选的颜色范围就越大。如图 3-18 和图 3-19 所示分别是容差数值为 30 和 90 时的选区效果。

图 3-18　容差为 30 时的选区　　　　　图 3-19　容差为 90 时的选区

- 连续：当选中该复选框时，只选择颜色连接的区域；当取消选中该复选框时，可以选择与所选像素颜色接近的所有区域，当然也包含没有连接的区域。如图 3-20 和图 3-21 所示分别为选中"连续"复选框和取消选中"连续"复选框的效果。

图 3-20　选中"连续"选项后的选区　　　图 3-21　取消选中"连续"选项后的选区

- 对所有图层取样：如果文档中包含多个图层，当选中该复选框时，可以选择所有可见图层上颜色相近的区域；当取消选中该复选框时，仅选择当前图层上颜色相近的区域。

3.1.5 "色彩范围"命令

"色彩范围"命令与(魔棒工具)比较相似，但是该命令提供了更多的控制选项，因此选择精度也要高一些。使用该命令可根据图像的颜色范围创建选区。需要注意的是，"色彩范围"命令不可用于 32 位 / 通道的图像。

使用"色彩范围"命令选择图像中的白色区域，如图 3-22 所示。

图 3-22　选择色彩范围

● 选择：用来设置选区的创建方式。选择"取样颜色"选项时，光标会变成 ✐ 吸管形状，将光标放置在画布中的图像上，或在"色彩范围"对话框中的预览图像上单击，可以对颜色进行取样。如果要添加取样颜色，可以单击 ✐（添加到取样）按钮，然后在预览图像上单击，以取样其他颜色；如果要减去取样颜色，可以单击 ✐（从取样中减去）按钮，然后在预览图像上单击，以减去其他取样颜色；当"选择"为"红色"、"黄色"、"绿色"、"青色"等选项时，可以选择图像中特定的颜色；当"选择"为"高光"、"中间调"和"阴影"选项时，可以选择图像中特定的色调；当选择"溢色"选项时，可以选择图像中出现的溢色。

● 本地化颜色簇：选中"本地化颜色簇"复选框后，拖曳"范围"滑块可以控制要包含在蒙版中的颜色与取样点的最大和最小距离。

● 颜色容差：用来控制颜色的选择范围。数值越高，包含的颜色越多；数值越低，包含的颜色越少。

● 选区预览图：在选区预览图下面包含"选择范围"和"图像"两个选项。当选中"选择范围"复选框时，预览区域中的白色代表被选择的区域，黑色代表未被选择的区域，灰色代表被部分选择的区域（即有羽化效果的区域）；当选中"图像"复选框时，预览区内会显示彩色图像。

● 选区预览：用来设置文档窗口中选区的预览方式。

● 存储 / 载入：单击"存储"按钮，可以将当前的设置状态保存为选区预设；单击"载入"按钮，可以载入存储的选区预设文件。

● 反相：将选区进行反转，也就是说创建选区后，相当于选择菜单栏中的"选择"|"反相"命令。

3.1.6　编辑选区

如何创建选区，相信读者已经学会了。下面将介绍如何对选区进行编辑。

1. 全选和反选

选择菜单栏中的"选择"|"全部"命令或按 Ctrl+A 快捷键，可以选择当前文档边界内

的所有图像，全选图像常用于复制整个文档中的图像。

创建选区后，想要选择图像中没有被选择的部分，则选择菜单栏中的"选择"|"反向选择"命令或按 Shift+Ctrl+I 快捷键，选择反向的选区。

2. 取消与重新选择

取消选区状态，可以选择菜单栏中的"选择"|"取消选择"命令或按 Ctrl+D 快捷键。选择菜单栏中的"选择"|"重新选择"命令，可以恢复被取消的选区。

3. 隐藏与显示选区

选择菜单栏中的"视图"|"显示"|"选区边缘"命令可以切换选区的显示与隐藏。创建选区后，隐藏选区(注意，隐藏选区后，选区仍然存在)，可以选择菜单栏中的"视图"|"隐藏"|"选区边缘"命令或按 Ctrl+H 快捷键；再次选择菜单栏中的"视图"|"显示"|"选区边缘"命令或按 Ctrl+H 快捷键，可以将隐藏的选区显示出来。

4. 移动选区

将光标放置在选区内，当光标变为 形状时，拖曳光标即可移动选区。

> 移动选区的前提是当前工具为选区工具，并确定状态为 ▣ (新选区)按钮处于当前选择。
>
> 在包含选区的状态下，按键盘上的 →、←、↑、↓ 键可以 1 像素的距离移动选区。

图 3-23 "调整边缘"对话框

5. 变换选区

"变换选区"的方法与图像的"自由变换"非常相似。对创建好的选区选择菜单栏中的"选择"|"变换选区"命令，或右击，在弹出的快捷菜单中选择"变换选区"命令，选区周围会出现类似自由变换的界定框；再通过右击，还可以在弹出的快捷菜单中选择其他变换方式命令。完成变换之后，按 Enter 键即可得到变换后的选区。

6. 调整边缘

创建选区以后，在选项栏中单击"调整边缘"按钮，或选择菜单栏中的"选择"|"调整边缘"命令(或按 Alt+Ctrl+R 快捷键)，打开"调整边缘"对话框，如图 3-23 所示。"调整边缘"命令可以分别对选区的半径、平滑度、羽化、对比度、边缘位置等属性进行相应调整，从而提高选区边缘的品质，并且可以在不同的背景下查看选区。

1)"视图模式"选项组

(1)为了更加方便地查看选区的调整结果，可以在"视图模式"选项组中提供的多种视图中选择显示模式，如图 3-24 和图 3-25 所示。对图 3-25 中的几种视图模式分别说明如下。

● 闪烁虚线：可以查看具有闪烁的虚线边界的标准选区。如果当前选区包含羽化效果，那么闪烁虚线边界将围绕被选中 50% 以上的像素，如图 3-26 所示。

图 3-24　创建的选区　　　　图 3-25　视图模式　　　图 3-26　闪烁虚线模式的效果

- 叠加：在快速蒙版模式下查看选区，效果如图 3-27 所示。
- 黑底：在黑色的背景下查看选区，效果如图 3-28 所示。
- 白底：在白色的背景下查看选区，效果如图 3-29 所示。

图 3-27　叠加模式的效果　　　图 3-28　黑底模式的效果　　　图 3-29　白底模式的效果

- 黑白：以黑白模式查看选区，效果如图 3-30 所示。
- 背景图层：可以查看选区蒙版的图层，效果如图 3-31 所示。
- 显示图层：可以在未使用蒙版的状态下查看整个图层，效果如图 3-32 所示。

图 3-30　黑白模式的效果　　　图 3-31　背景图层模式的效果　　图 3-32　显示图层模式的效果

(2) 显示半径：选中此复选框可显示以半径定义的调整区域。

(3) 显示原稿：选中此复选框可以查看原始选区。

2)　"调整边缘"对话框左侧的两个工具

- 🔍（缩放工具）：使用该工具可以缩放图像，与工具箱中的🔍（缩放工具）的使用方法相同。
- ✋（抓手工具）：使用该工具可以调整图像的显示位置，与工具箱中的✋（抓手工具）的使用方法相同。

3）"边缘检测"选项组

使用"边缘检测"选项组中的选项可以轻松抠出细密的毛发。如图 3-33 所示的是设置"半径"为 28 像素的黑白模式效果。对"边缘检测"选项组中的选项说明如下。

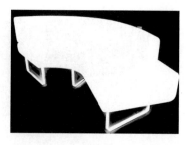

图 3-33　边缘检测的设置效果

- （调整半径工具）/ （抹除调整工具）：使用这两个工具可以精确调整发生边缘调整的边界区域。制作头发或毛皮选区时可以使用"调整半径工具"柔化区域以增加选区内的细节。
- 智能半径：选中此复选框可以自动调整边界区域中发现的硬边缘和柔化边缘的半径。
- 半径：此选项用于确定发生边缘调整的选区边界的大小。对于锐边，可以使用较小的半径；对于较柔和的边缘，可以使用较大的半径。

4）"调整边缘"选项组

"调整边缘"选项组主要用来对选区进行平滑、羽化和扩展等处理，其中的选项说明如下。

- 平滑：减少选区边界中的不规则区域，以创建较平滑的轮廓。
- 羽化：模糊选区与周围像素之间的过渡效果。
- 对比度：锐化选区边缘并消除模糊的不协调感。通常情况下，配合"智能半径"选项调整出来的选区效果会更好。
- 移动边缘：当设置为负值时，可以向内收缩选区边界；当设置为正值时，可以向外扩展选区边界。

5）"输出"选项组

"输出"选项组主要用来消除选区边缘的杂色以及设置选区的输出方式，其中选项说明如下。

- 净化颜色：将彩色杂边替换为附近完全选中的像素颜色。颜色替换的强度与选区边缘的羽化程度是成正比的。
- 数量：更改净化彩色杂边的替换程度。
- 输出到：设置选区的输出方式。

7. 边界选区

创建选区后的效果如图 3-34 所示。这里选择菜单栏中的"选择"|"修改"|"边界"命令可以将选区的边界向内或向外进行扩展，扩展后的选区边界将与原来的选区边界形成新的选区。如图 3-35 和图 3-36 所示分别是在"边界选区"对话框中设置"宽度"为 20 像素和 50 像素时的选区对比效果。

  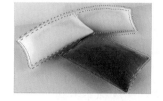

图 3-34　创建选区　　图 3-35　边界为 20 像素的效果　　图 3-36　边界为 50 像素的效果

8. 平滑选区

如果要将选区进行平滑处理，可以对选区选择菜单栏中的"选择"|"修改"|"平滑"命令。

如图 3-37 和图 3-38 所示分别是设置"取样半径"为 10 像素和 50 像素时的选区效果。

9. 扩展与收缩选区

如果将选区向外进行扩展，可以对选区选择菜单栏中的"选择"|"修改"|"扩展"命令，设置"扩展量"为 50 像素，对比效果如图 3-39 和图 3-40 所示。

图 3-37　平滑为 10 像素的效果　　图 3-38　平滑为 50 像素的效果　　图 3-39　创建选区的效果

如果要向内收缩选区，可以选择菜单栏中的"选择"|"修改"|"收缩"命令。图 3-41 所示为原始选区，图 3-42 所示是设置"收缩量"为 100 像素后的选区效果。

图 3-40　扩展量为 50 像素的效果　　图 3-41　创建选区的效果　　图 3-42　收缩量为 100 像素的效果

除了上述所讲的选区编辑外，还可以通过填充和描边对选区进行编辑，可以通过选择菜单栏中的"编辑"|"填充"命令和"编辑"|"描边"命令进行编辑，这里就不详细介绍了。

3.2　素材的移动

无论是在文档中移动图层、选区中的图像，还是将其他文档中的图像拖曳到当前文档，都需要用到 ⊕ (移动工具)，如图 3-43 和图 3-44 所示。⊕ (移动工具) 是最常用的工具之一，该工具位于工具箱的最顶端，移动工具选项栏如图 3-45 所示。下面将介绍常用的几种选项工具。

图 3-43　打开效果图像　　　　　　图 3-44　移动人物

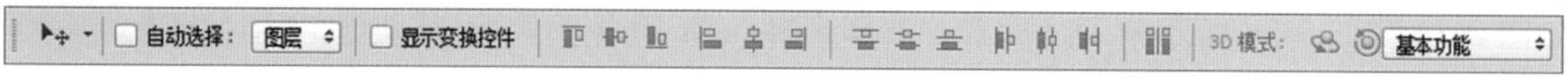

图 3-45　移动工具的选项栏

- 自动选择：如果文档中包含了多个图层或图层组，可以在后面的下拉列表中选择要移动的对象。如果选择“图层”选项，使用“移动工具”在画布中单击时，可以自动选择“移动工具”下面包含像素的最顶层的图层；如果选择“组”选项，在画布中单击时，可以自动选择“移动工具”下面包含像素的最顶层的图层所在的图层组。
- 显示变换控件：选中该复选框后，当选择一个图层时，就会在图层内容的周围显示定界框，可以拖曳控制点来对图像进行变换操作。
- 对齐图层：当同时选择了两个或两个以上的图层时，单击相应的按钮可以将所选图层进行对齐。对齐方式包括（顶对齐）、（垂直居中对齐）、（底对齐）、（左对齐）、（水平居中对齐）和（右对齐）。
- 分布图层：如果选择了 3 个或 3 个以上的图层时，单击相应的按钮可以将所选图层按一定规则进行均匀分布排列。分布方式包括（按顶分布）、（垂直居中分布）、（按底分布）、（按左分布）、（水平居中分布）和（按右分布）。

3.3 素材的变换

处理图像变换的基本命令包括“旋转”、“缩放”、“扭曲”、“斜切”等。可以通过选择菜单栏中的“编辑”|“自由变换”和“变换”命令，改变图像的形状。其中“旋转”和“缩放”称为变换操作，而“扭曲”和“斜切”称为变形操作。

3.3.1 变换

在菜单栏中的“编辑”|“变换”子菜单中提供了多种变换命令，如图 3-46 所示。这些命令可以分别对图层、路径、矢量图形以及选区中的图像进行相应的变换操作。另外，还可以对矢量蒙版和 Alpha 应用变换。如图 3-47 ～图 3-49 所示的分别为原图、缩放与旋转的图像效果。

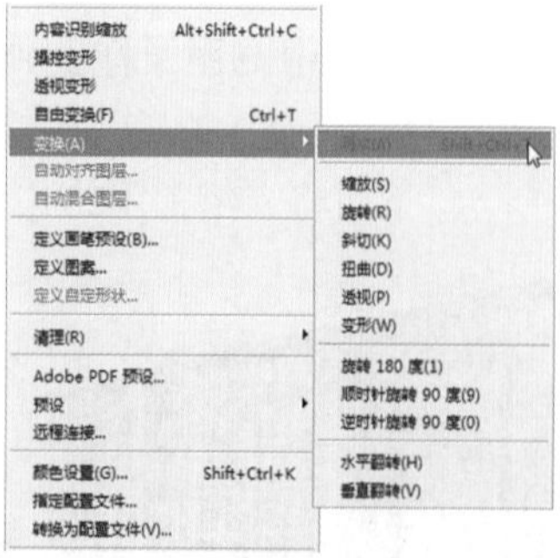

图 3-46　变换命令

图 3-47　原始图像

- 缩放：此命令的使用可以相对于变换对象的中心点对图像进行缩放。要对图像进行任意缩放，可以不按任何快捷键；对图像进行等比例缩放，可以按住 Shift 键；对图像以中心点为基准进行等比例缩放，可以按 Shift+Alt 快捷键。

图 3-48　缩放图像的效果　　　　　　图 3-49　旋转图像的效果

- 旋转：围绕中心点转动变换对象可以选择"旋转"命令。以任意角度旋转图像，可以不按任何快捷键；以 15°为单位旋转图像，可以按住 Shift 键。

- 斜切：在任意方向、垂直方向或水平方向上倾斜图像可以使用"斜切"命令。在任意方向上倾斜图像，可以不按任何快捷键；在垂直或水平方向上倾斜图像，可以按住 Shift 键。

- 扭曲：在各个方向上伸展变换对象可以使用"扭曲"命令。在任意方向上扭曲图像，可以不按任何快捷键；在垂直或水平方向上扭曲图像，可以按住 Shift 键。

- 透视：对变换对象应用单点透视可以使用"透视"命令。在水平或垂直方向上透视图像，可以应用透视拖曳定界框 4 个角上的控制点。

- 变形：如果要对图像的局部内容进行扭曲，可以使用"变形"命令来操作。选择该命令时，图像上将会出现变形网格和锚点，拖曳锚点或调整锚点的方向线可以对图像进行更加自由和灵活的变形处理。

- 旋转 180 度 / 旋转 90 度 (顺 / 逆时针)：这 3 个命令非常简单，选择"旋转 180°"命令，可以将图像旋转 180°；选择"旋转 90°（顺时针）"命令可以将图像顺时针旋转 90°；选择"旋转 90°（逆时针）"命令可以将图像逆时针旋转 90°。

- 水平 / 垂直翻转：将图像在水平方向上进行翻转可以选择"水平翻转"命令；将图像在垂直方向上进行翻转可以选择"垂直翻转"命令。

3.3.2　自由变换

在自由变换状态下，配合 Ctrl 键、Alt 键和 Shift 键的使用可以快速达到某些变换目的。"自由变换"命令可以在一个连续的操作中应用旋转、缩放、斜切、扭曲、透视和变形，并且可以不必选择其他变换命令。

按住 Shift 键，使用鼠标左键单击拖曳定界框 4 个角上的控制点可以等比例放大或缩小图像，如图 3-50 所示，也可以反向拖曳形成翻转变换。使用鼠标左键在定界框外单击拖曳，可以以 15°为单位顺时针或逆时针旋转图像。

要想形成以对角为直角的自由四边形方式变换，可以按住 Ctrl 键，使用鼠标左键单击拖曳定界框 4 个角上的控制点。要想形成以对边不变的自由平行四边形方式变换，可以使用鼠标左键单击拖曳定界框边上的控制点。如图 3-51 所示为拖曳边框上的控制点后的效果。

要想形成以中心对称的自由矩形方式变换，可以按住 Alt 键，使用鼠标左键单击拖曳定界框 4 个角上的控制点。要想形成以中心对称的等高或等宽的自由矩形方式变换，可以使用

鼠标左键单击拖曳定界框边上的控制点。如图 3-52 所示为等宽的自由矩形方式的变换图像。

　　要想形成以对角为直角的直角梯形方式变换，可以按 Shift+Ctrl 快捷键，使用鼠标左键单击拖曳定界框 4 个角上的控制点。要想形成以对边不变的等高或等宽的自由平行四边形方式变换，可以使用鼠标左键单击拖曳定界框边上的控制点。如图 3-53 所示为调整控制点后的变换图像。

图 3-50　变换图像　　图 3-51　调整变换的效果　图 3-52　自由变换的效果　图 3-53　调整控制点的效果

　　要想形成以相邻两角位置不变的中心对称自由平行四边形方式变换，可以按 Ctrl+Alt 快捷键，使用鼠标左键单击拖曳定界框 4 个角上的控制点即可完成。要想形成以相邻两边位置不变的中心对称自由平行四边形方式变换，可以使用鼠标左键单击拖曳定界框边上的控制点。

　　要想形成以中心对称的等比例放大或缩小的矩形方式变换，可以按 Shift+Alt 快捷键，使用鼠标左键单击拖曳定界框 4 个角上的控制点。使用鼠标左键单击拖曳定界框边上的控制点，可以形成以中心对称的对边不变的矩形方式变换。

　　要想形成以等腰梯形、三角形或相对等腰三角形方式变换，可以按 Shift+Ctrl+ Alt 快捷键，使用鼠标左键单击拖曳定界框 4 个角上的控制点。

提 示

　　除了上述的将自由变形转换为其他的变换方式外，还可以在自由变形框中右击，在弹出的快捷菜单中选择需要的变换命令即可。

3.4　图像编辑工具的运用

　　Photoshop 的图像编辑工具有很多种，主要包括图章工具、橡皮擦工具、加深和减淡工具、修复画笔工具、文字工具、裁切工具以及抓手工具等。

3.4.1　图章工具

　　图章工具在效果图的后期处理中是应用最为广泛的一种工具，主要适用于复制图像，以修补局部图像的不足。图章工具包括 ▲.（仿制图章工具）和 ▲.（图案图章工具）两种，在建筑表现中使用较多的是 ▲.（仿制图章工具）。

　　选择 ▲.（仿制图章工具），在选项栏中选择合适的笔头，如图 3-54 所示。按住 Alt 键，然后在图像中单击，选取一个采样点，最后在图像的其他位置上拖曳鼠标，这样就可以复制图像，使残缺的图像修补完整。如图 3-55 所示为修补前后的效果对比。

图 3-54　选择合适的画笔

图 3-55　使用图章工具修复图像的前后对比效果

- 画笔列表：从中选择放置图章以什么样的画笔笔触对图像进行修复。
- ⚇（切换画笔面板）按钮：打开或关闭"画笔"面板。
- ⚇（切换仿制源面板）按钮：打开或关闭"仿制源"面板。
- 模式：与图层模式相同，设置修补图像的混合模式。
- 不透明度：设置修复画笔的不透明度。
- 流量：控制混合画笔的流量大小。
- 对齐：选中该复选框后，可以连续对像素进行取样，即使是释放鼠标后，也不会丢失当前的取样点。如果关闭"对齐"选项，则会在每次停止并重新开始绘制时使用初始取样点中的样本像素。
- 样本：从指定的图层中进行数据取样。

3.4.2　橡皮擦工具

Photoshop 提供了 3 种橡皮擦工具，包括 ✐（橡皮擦工具）、 ✐（背景橡皮擦工具）和 ✐（魔术橡皮擦工具），最常用的是 ✐（橡皮擦工具）。如图 3-56 所示为擦除图像的前后对比效果。

在为效果图场景中添加配景时，加入的配景有时会与场景衔接的不自然，这时就可以用工具箱中的 ✐（橡皮擦工具）对配景的边缘进行修饰，使配景与效果图场景结合得比较自然。

在工具箱选项栏中可以设置橡皮擦的属性，如图 3-57 所示。

图 3-56　擦除图像的前后对比效果

图 3-57　橡皮擦工具的选项栏

- 模式：用来选择橡皮擦的种类。选择"画笔"选项时，可以创建柔边擦除效果；选择"铅笔"选项时，可以创建硬边擦除效果；选择"块"选项时，擦除的效果为块状。
- 不透明度：用来设置 ✐（橡皮擦工具）的擦除强度。设置为 100% 时，可以完全擦除像素。当设置"模式"为"块"选项时，"不透明度"选项不可用。
- 抹到历史记录：选中该复选框后，✐（橡皮擦工具）的作用相当于 ✐（历史记录画笔工具）。

3.4.3　加深和减淡工具

使用 ✐（加深工具）和 ✐（减淡工具）可以轻松地调整图像局部的明暗变化，使画面呈现丰富的变化。如图 3-58 所示为原始效果图，如图 3-59 所示为使用"加深工具"后的效果。

图 3-58　原始效果图　　　　　　　图 3-59　加深后的图像效果

3.4.4　修复画笔工具

单击工具箱中的"修复画笔工具"按钮，即可激活该工具。✐（修复画笔工具）与 ▣（仿制图章工具）功能相似之处就是可以修复图像的瑕疵，也可以用图像中的像素作为样本进行绘制。不同的是，✐（修复画笔工具）还可将样本像素的纹理、光照、透明度和阴影与所修复的像素进行匹配，从而使修复后的像素不留痕迹地融入图像的其他部分，如图 3-60 和图 3-61 所示。其工具选项栏如图 3-62 所示。

图 3-60　原始效果图

图 3-61　修复后的图像效果

图 3-62　修复画笔工具的选项栏

● 源：设置用于修复像素的源。选中"取样"单选按钮时，可以使用当前图像的像素来修复图像；选中"图案"单选按钮时，可以使用某个图案作为取样点。

3.4.5　裁切工具

要想调整画面构图或去除多余边界时，可使用 Photoshop。因为在 Photoshop 中可以使用多种方法对图像进行裁切。例如使用 ▉ （裁剪工具）、"裁剪"命令和"裁切"命令都可以轻松去掉画面的多余部分，裁剪（切）前后的效果如图 3-63 和图 3-64 所示。

图 3-63　原始效果图

图 3-64　裁剪后的图像效果

注　意

一般不建议直接对效果图进行裁剪，可以先用一个单色的矩形框将画面多余的部分遮住，调整好位置后再裁剪，将单色的矩形外框裁剪掉。

3.4.6　渐变工具

单击工具箱中的 ▉ （渐变工具）按钮，弹出工具选项栏如图 3-65 所示。该工具的应用非常广泛，它不仅可以用来填充图层蒙版、快速蒙版、通道等，还可以填充图像。 ▉ （渐变工具）可以在整个文档或选区内填充渐变色，并且可以创建多种颜色之间的混合效果。

图 3-65　渐变工具的选项栏

下面对渐变工具的选项栏中的有关选项进行介绍。

● 渐变颜色条：显示了当前的渐变颜色，单击右侧的▼（倒三角）按钮，可以打开渐变拾色器，如图 3-66 所示。如果直接单击渐变颜色条，则会弹出"渐变编辑器"对话框，在该对话框中可以编辑渐变颜色，或者保存渐变等，如图 3-67 所示。

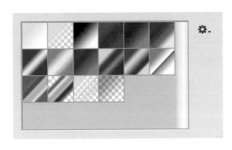

图 3-66　渐变拾色器　　　　　　　　图 3-67　"渐变编辑器"对话框

● 渐变类型：在此选项组中激活▉（线性渐变）按钮，可以以直线方式创建从起点到终点的渐变，如图 3-68 所示；激活▉（径向渐变）按钮，可以以圆形方式创建从起点到终点的渐变，如图 3-69 所示；激活▉（角度渐变）按钮，可以创建围绕起点以逆时针扫描方式的渐变，如图 3-70 所示；激活▉（对称渐变）按钮，可以使用均衡的线性渐变在起点的任意一侧创建渐变，如图 3-71 所示；激活▉（菱形渐变）按钮，可以以菱形方式从起点向外产生渐变，终点定义菱形的一个角，如图 3-72 所示。

图 3-68　线性渐变　　　　　图 3-69　径向渐变　　　　　图 3-70　角度渐变

● 模式：此下拉列表框用来设置应用渐变时的混合模式。

● 不透明度：此下拉列表框用来设置渐变色的不透明度。

● 反向：选中此复选框时，可以转换渐变中的颜色顺序，得到反方向的渐变结果。

● 仿色：选中该复选框时，可以使渐变效果更加平滑。主要用于防止打印时出现条带化现象，但在计算机屏幕上并不能明显地体现出来。

● 透明区域：选中该复选框时，可以创建包含透明像素的渐变，如图 3-73 所示。

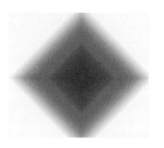

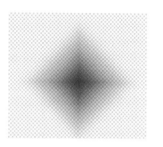

图 3-71　对称渐变　　　　　图 3-72　菱形渐变　　　　　图 3-73　透明区域的渐变

提示

在后期处理中，可以使用"渐变工具"，通过设置其不透明度来调整修饰一下天空的颜色；渐变最常用到的地方是遮罩，所以掌握"渐变工具"会给后期处理的制作带来更多的方便。

3.5　图像色彩的调整命令

下面将介绍几种常用的调整图像色彩的命令。

3.5.1　"亮度 / 对比度"命令

使用"亮度 / 对比度"命令可以对图像的整个色调进行调整，从而改变图像的亮度和对比度。"亮度 / 对比度"命令会对图像的每个像素进行调整，所以会导致图像细节的丢失。如图 3-74 ～图 3-76 所示分别为原图像、增加"亮度 / 对比度"后的效果和减少"亮度 / 对比度"后的效果。选择菜单栏中"图像"|"调整"|"亮度 / 对比度"命令，将会打开如图 3-77 所示的"亮度 / 对比度"对话框。

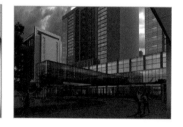

图 3-74　原图像　　　　　　图 3-75　变亮的图像　　　　　图 3-76　变暗的图像

图 3-77　"亮度 / 对比度"对话框

效果图后期处理技法剖析

- 亮度：用来控制图像的明暗度，如为负值会将图像调暗，为正值可以加亮图像，取值范围是 -100 ～ 100。
- 对比度：用来控制图像的对比度，如为负值会降低图像的对比度，为正值可以加大图像的对比度，取值范围是 -100 ～ 100。
- 使用旧版：选中此复选框时，将"亮度 / 对比度"命令变为老版本时的调整功能。

3.5.2　"色相 / 饱和度"命令

使用"色相 / 饱和度"命令可以调整整个图像或图像中单种颜色的色相、饱和度及亮度。选择菜单栏中的"图像"|"调整"|"色相 / 饱和度"命令，将会打开如图 3-78 所示的"色相 / 饱和度"对话框。此对话框中的选项说明如下。

- 预设：系统保存的调整数据。
- 编辑全图按钮：用来设置调整的颜色范围。
- 色相：通常指的是颜色，即红色、黄色、绿色、青色、蓝色和洋红色。
- 饱和度：通常指的是一种颜色的纯度，颜色纯度越高，饱和度就越大；颜色纯度越低，相应颜色的饱和度就越小。
- 明度：通常指的是色调的明暗度。
- 着色：选中该复选框后，只可以为全图调整色调，并将彩色图像自动转换成单一色调的图像。

图 3-78　"色相 / 饱和度"对话框

打开一张图像，如图 3-79 所示。选择编辑颜色为"青色"，降低"饱和度"（即颜色纯度）的值，效果如图 3-80 所示。

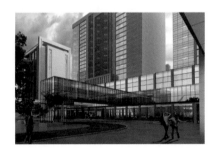

图 3-79　原图像　　　　　　　　图 3-80　调整图像的青色、饱和度

3.5.3 "色彩平衡"命令

使用"色彩平衡"命令可以单独对图像的阴影、中间调和高光进行调整，从而改变图像的整体颜色。选择菜单栏中的"图像"|"调整"|"色彩平衡"命令，将会打开如图3-81所示的"色彩平衡"对话框。在该对话框中有3组相互对应的互补色，分别为青色对红色、洋红色对绿色和黄色对蓝色。例如，减少青色就会由红色来补充减少的青色。

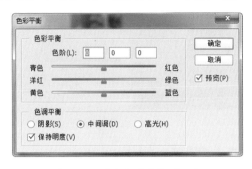

图 3-81 "色彩平衡"对话框

- 色彩平衡：可以在对应的文本框中输入相应的数值或拖动下面的三角滑块来改变颜色的增加或减少。
- 色调平衡：可以选择在阴影、中间调或高光中调整色彩平衡。
- 保持明度：选中该复选框后，在调整色彩平衡时保持图像亮度不变。

打开一张图像，如图3-82所示。通过设置"色彩平衡"参数来调整图像的色彩平衡效果，如图3-83所示。

图 3-82 原图像

图 3-83 调整色彩平衡

3.5.4 "色阶"命令

使用"色阶"命令可以校正图像的色调范围和颜色平衡。"色阶"直方图可以用作调整图像基本色调的直观参考，调整方法是使用"色阶"对话框通过调整图像的阴影、中间调和高光的强度级别来达到最佳效果。选择菜单栏中的"图像"|"调整"|"色阶"命令，将会打开如图3-84所示的"色阶"对话框。此对话框中的选项说明如下。

图 3-84 调整色阶

- 预设：用来选择已经调整完成的色阶效果。
- 通道：用来选择设定调整色阶的通道。
- 输入色阶：在输入色阶对应的文本框中输入数值或拖动滑块来调整图像的色调范围，以提高或降低图像的对比度。
- 输出色阶：在输出色阶对应的文本框中输入数值或拖动滑块来调整图像的亮度范围。增大"暗部"的数值可以使图像中较暗的部分变亮；减小"亮部"的数值可以使图像中较亮的部分变暗。
- 自动：单击该按钮可以将"暗部"和"亮部"自动调整到最暗和最亮。单击此按钮执行命令得到的效果与"自动色阶"命令相同。
- 选项：单击该按钮可以打开"自动颜色校正选项"对话框，可以设置"阴影"和"高光"所占的比例。

3.5.5 "曲线"命令

使用"曲线"命令可以调整图像的色调和颜色。设置为曲线形状时，将曲线向上或向下移动将会使图像变亮或变暗，具体情况取决于对话框是设置为显示色阶还是显示百分比。

曲线中较陡的部分表示对比度较高的区域；曲线中较平的部分表示对比度较低的区域。如果将"曲线"对话框设置为显示色阶而不是显示百分比，则会在图形的右上角呈现高光。移动曲线顶部的点将调整高光；移动曲线中心的点将调整中间调；移动曲线底部的点将调整阴影。要使高光变暗，请将曲线顶部附近的点向下移动。将点向下或向右移动会将"输入"值映射到较小的"输出"值，并会使图像变暗；要使阴影变亮，请将曲线底部附近的点向上移动。将点向上或向左移动会将较小的"输入"值映射到较大的"输出"值，并会使图像变亮。选择菜单栏中的"图像"|"调整"|"曲线"命令，将会打开如图 3-85 所示的"曲线"对话框。此对话框中的选项说明如下。

- 通道：选择需要调整的通道。如果某一通道色调明显偏重时，就可以选择单一通道进行调整，而不会影响到其他颜色通道的色调分布。

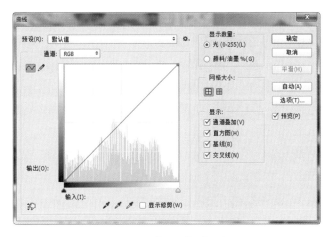

图 3-85 "曲线"对话框

- 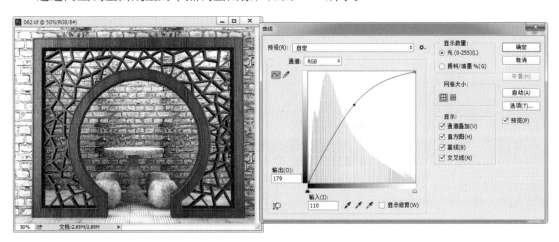（通过添加点来调整曲线）：可以在曲线上添加控制点来调整曲线。拖动控制点即可改变曲线形状。
- （使用铅笔绘制曲线）：可以随意在直方图内绘制曲线，此时平滑按钮被激活用来控制绘制铅笔曲线的平滑度。
- 曲线区：横坐标代表水平色调带，表示原始图像中像素的亮度分布，即输入色阶，调整前的曲线是一条 45°直线，意味着所有像素的输入亮度与输出亮度相同。用曲线调整图像色阶的过程，也就是通过调整曲线的形状来改变像素的输入 / 输出亮度，从而改变整个图像的色阶。

通常情况下，通过调整曲线表格中的形状来调整图像的亮度、对比度、色彩等。调整曲线时，首先在曲线上单击，然后拖曳即可改变曲线形状。当曲线向左上角弯曲时，图像色调变亮；当曲线向右下角弯曲时，图像色调变暗。

通过向上调整曲线上的节点调整图像，如图 3-86 所示。

图 3-86 向上调整曲线

通过向下调整曲线上的节点调整图像，如图 3-87 所示。

通过调整曲线上的节点调整图像，如图 3-88 所示。

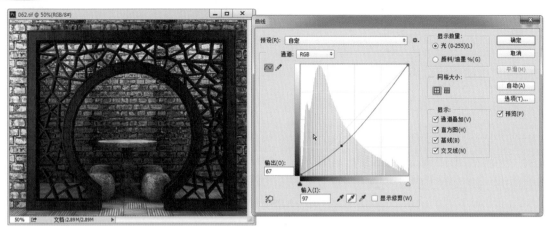

图 3-87　向下调整曲线

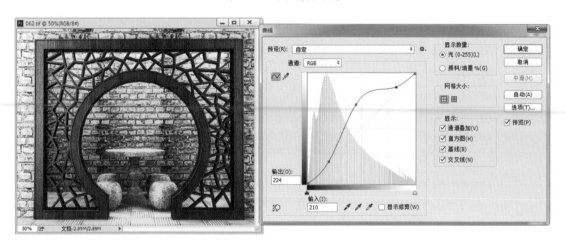

图 3-88　调整曲线节点

提示

　　可以将曲线理解为调整明暗调的亮度、对比度。在调整曲线的过程中，向上调整曲线，相对应的图像区域就会变亮；向下调整曲线，相对应的图像区域就会变暗。

3.6 小结

　　本章主要介绍了 Photoshop CC 中的常用工具，其中主要讲述选区的使用，并介绍了常用的修图工具和常用的素材变换以及常用的图像色彩调整的一些命令。这些工具和命令在效果图后期处理中都是最常用的，所以读者一定要将本章的知识学好，这样才能为后面的学习打好坚实的基础。

第4章
效果图的修图与简单的修补

本章介绍如何修补渲染输出效果图的缺陷和构图。通过对本章的学习，读者可以掌握各种修补工具的灵活使用和调整画布的几个常用命令。

课堂学习目标

- 了解缺陷效果图的定义
- 掌握如何调整构图
- 掌握如何修改错误的材质
- 了解如何调整灰暗的图像
- 掌握如何修改溢色图像
- 了解如何根据环境设置建筑颜色

4.1 什么是缺陷效果图

从 3ds Max 软件中渲染输出的效果图，一般都会有一些小小的缺陷和不足，主要表现在以下几个方面。

(1) 渲染输出的效果图场景的整体灯光效果图不够理想，过亮或过暗。

(2) 主体建筑的体积感不够强。

(3) 画面的锐利度不够，也就是画面显得发灰。

(4) 画面所表现的色调和场景所要表现的色调不协调。

(5) 输出图像的构图不合理，满足不了需要等。

如果在渲染效果图的时候出现了这些不足之处，对于那些比较好调整的，用户可以在 Photoshop 软件中对渲染图修改一下就可以了，避免重新渲染场景的麻烦和浪费时间。

4.2 调整构图

接下来将介绍如何调整效果图的构图，其中主要介绍图像的大小调整、画布大小调整、修正透视图像等。

4.2.1 图像大小

对于图像最关注的属性主要包括尺寸、大小和分辨率。选择菜单栏中的"图像"|"图像大小"命令或按 Alt+Ctrl+I 快捷键，打开"图像大小"对话框，在"像素大小"选项组下可以修改图像的像素大小，而更改图像的像素大小不仅会影响图像在屏幕上的大小，还会影响图像的质量及其打印特性 (图像的打印尺寸和分辨率)，如图 4-1 所示。

图 4-1 "图像大小"对话框

- 图像大小：显示为图像占用的硬盘空间大小。
- 尺寸：以像素为单位，显示长宽。
- 宽度：显示图像宽度尺寸。
- 高度：显示图像高度尺寸。
- 分辨率：从中显示当前图像的分辨率。
- 重新采样：从中选择修改图像大小后的采样类型。

注 意

在调整图像时尽量锁定长宽比，否则就会出现比例失调的效果。如图 4-2 所示为原始图像大小；如图 4-3 所示为重新设置了"宽度"为 10、"高度"为 8 的图像大小。可以看到调整后的效果显然是整张图都变窄了，这就丢失了正确的比例。

图 4-2　原始图像大小

图 4-3　调整图像大小后的效果

4.2.2　画布大小

图像大小是指图像的"像素大小"；画布大小是指工作区域的大小，它包含图像和空白区域。这就是图像大小与画布大小的本质区别。打开一张图像，如图 4-4 所示。想要分别对画布的宽度、高度、定位和扩展背景颜色进行调整，可以选择菜单栏中的"图像"|"画布大小"命令，打开"画布大小"对话框，在该对话框中调整相应的数值即可，如图 4-5 所示。增大画布大小，原始图像大小不会发生变化，而增大的部分则使用选定的填充颜色进行填充，如图 4-6 所示。减小画布大小，图像则会被裁切掉一部分，如图 4-7 所示。

图 4-4　原始图像大小

图 4-5　"画布大小"对话框

- 当前大小：该选项组中显示了文档的实际大小以及图像的宽度和高度的实际尺寸。
- 新建大小：指的是修改画布尺寸后的大小。当输入的"宽度"和"高度"值大于原始画布尺寸时，会增大画布。当输入的"宽度"和"高度"值小于原始画布尺寸时，Photoshop 会裁切超出画布区域的图像。
- 相对：选中该复选框时，"宽度"和"高度"数值将代表实际增加或减小的区域的大小，而不再代表整个文档的大小。输入正值表示增加画布，输入负值表示减小画布。
- 定位：该选项主要用来设置当前图像在新画布上的位置。

图 4-6　增大画布　　　　　　　　　　图 4-7　裁剪画布

● 画布扩展颜色：指的是填充新画布的颜色。如果图像的背景是透明的，那么"画布扩展颜色"选项将不可用，新增加的画布也是透明的。

4.2.3　修正透视图像

在渲染的效果图中难免会出现一些透视效果让人感觉非常不舒服，这时只要使用 Photoshop CC 轻松几步就能将其修复。

❶ 选择菜单栏中的"文件"|"打开"命令，在弹出的"打开"对话框中选择随书附带光盘中的"素材文件 \ 第 4 章 \ 修正透视 .tif"文件，打开的图像如图 4-8 所示。

❷ 在工具箱中选择 📐（透视裁剪工具），在文档窗口中拖动裁剪区域，并调整 4 个角上的控制点，使其与建筑的两侧平行，如图 4-9 所示。

图 4-8　建筑图像　　　　　　　　　　图 4-9　创建裁剪区域

❸ 再次调整一下建筑周围的宽度裁剪区域，如图 4-10 所示。

❹ 按 Enter 键，确定裁剪，如图 4-11 所示。

图 4-10　调整裁剪区域　　　　　　　　图 4-11　确定裁剪

技 巧

修正透视效果还可以通过调整变换框，直接将透视效果变换成正常；或者使用"镜头校正"滤镜来调整透视效果。

提 示

使用▦（透视裁剪工具）不但可以以创建点的方式创建透视框，还可以以矩形的方式创建，然后拖动控制点到透视边缘。

4.3 修改错误的材质

在渲染输出的效果图中难免会出现材质方面的错误，根据不同的情况修改错误材质的方法也不同。下面介绍使用"修补工具"来修改错误材质。

① 选择菜单栏中的"文件"｜"打开"命令，在弹出的"打开"对话框中选择随书附带光盘中的"素材文件\第4章\修改错误材质.tif"文件，打开的图像如图4-12所示。可以看到，墙面材质反射了模型，下面就将反射的模型去掉。

② 选择工具箱中的 ♥（多边形套索工具），在墙体上的反射区域创建选区，如图4-13所示。

图 4-12　图像效果

图 4-13　创建选区

③ 选择工具箱中的 ▦（修补工具），在图像中拖曳选区到墙体的正确材质区域，松开鼠标后，结果如图4-14所示。

④ 修补好的材质效果如图4-15所示。

图 4-14　拖曳选区

图 4-15　修补后的效果

提示

　　除此之外，也可以使用🖌（污点修复画笔工具）、🩹（修复画笔工具）和🔨（仿制图章工具）来对错误的材质进行修改，修改的方法有很多，这里就不一一介绍了。

4.4 利用颜色通道调整灰暗的图像

　　在渲染输出的效果图中往往灰暗的图像较多，对于这些图像来说可以在后期的处理中将其进行修复。下面介绍如何调整灰暗的图像，使其更加层次。

　　❶ 选择菜单栏中的"文件"|"打开"命令，在弹出的"打开"对话框中选择随书附带光盘中的"素材文件\第4章\简约卧室.tga"文件，打开的图像如图4-16所示。

　　❷ 同时，打开"素材文件\第4章\简约卧室线框颜色.tga"文件，如图4-17所示。

图4-16　图像效果　　　　　　　　　　图4-17　线框颜色图像

提示

　　在渲染建筑效果图时，往往会渲染许多可以辅助后期处理的一些图像，例如，线框颜色图像、灰度图像和线框图像，其中，最重要的就是线框颜色图像，因为其图像可以根据不同模型的颜色对其进行选择，并分别对其调整，可以更好地调整出模型的明暗层次。

　　❸ 选择工具箱中的▶╋（移动工具），按住Shift键，将线框图拖曳到效果图中，如图4-18所示。

　　❹ 在"图层"面板中，选择"背景"图层，按Ctrl+J快捷键，复制一个"背景 拷贝"图层，将图层放置到线框图图层上方，如图4-19所示。

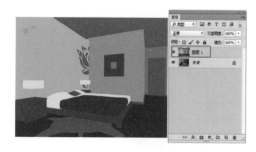

图4-18　拖曳图像到效果图中　　　　　　　图4-19　复制图层

⑤ 选择"背景 拷贝"图层，执行菜单栏中的"图像"|"调整"|"色阶"命令，打开"色阶"对话框，从中调整灰度和亮度的色阶位置，单击"确定"按钮，如图 4-20 所示。

图 4-20　调整图像的色阶

⑥ 隐藏"背景 拷贝"图层，在工具箱中选择 （魔棒工具），然后到工具选项栏中选中"连续"复选框，在线框颜色图上选择墙体顶部的颜色，如图 4-21 所示。

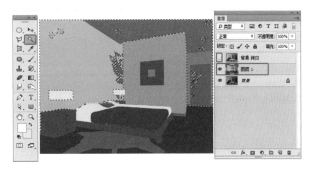

图 4-21　选择墙体区域

⑦ 显示并选择"背景 拷贝"图层，按 Ctrl+M 快捷键，在弹出的"曲线"对话框中调整曲线，如图 4-22 所示。

⑧ 调整图像后，按 Ctrl+D 快捷键，取消选区的选择，效果如图 4-23 所示。

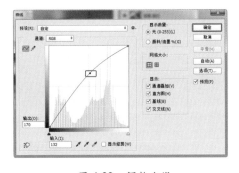

图 4-22　调整曲线

图 4-23　调整后的图像效果

⑨ 隐藏"背景 拷贝"图层，选择颜色通道图层，在工具箱中选择 （魔棒工具），在效果图中选择如图 4-24 所示的橘色墙体选区。

⑩ 显示"背景 拷贝"图层，按 Ctrl+M 快捷键，在弹出的"曲线"对话框中调整曲线，如图 4-25 所示。

⑪ 调整曲线后，按 Ctrl+D 快捷键，取消选区的选择，得到如图 4-26 所示的效果。

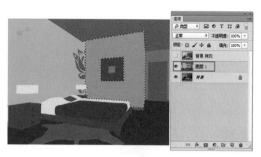

图 4-24　创建墙体选区

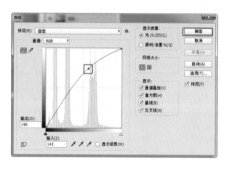

图 4-25　调整曲线

图 4-26　调整后的图像效果

⑫ 隐藏"背景 拷贝"图层，在线框颜色图层上选择地面颜色；然后显示"背景 拷贝"图层，结果如图 4-27 所示。

⑬ 按 Ctrl+M 快捷键，在弹出的"曲线"对话框中调整曲线，如图 4-28 所示。

图 4-27　创建地面选区

⑭ 调整后的图像效果如图 4-29 所示。

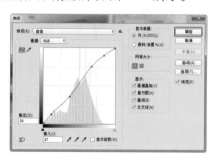

图 4-28　调整曲线

图 4-29　调整后的图像效果

这样，就将图像的明暗效果调整完成了。

4.5 修改溢色图像

下面介绍使用"色相/饱和度"来修改溢色的图像。

① 选择菜单栏中的"文件"|"打开"命令，在弹出的"打开"对话框中选择随书附带光盘中的"素材文件\第 4 章\卧室 .tif"文件。选择工具箱中的 ☑（多边形套索工具），在图像中选择溢色的区域，如图 4-30 所示。

② 选择菜单栏中的"选择"|"修改"|"羽化"命令，在弹出的"羽化选区"对话框中设置"羽化半径"为 20 像素，单击"确定"按钮，如图 4-31 所示。

图 4-30　创建选区

图 4-31　设置选区的羽化

③ 按 Ctrl+U 快捷键，在弹出的"色相/饱和度"对话框中设置"红色"类型，并设置"饱和度"为 -37、"明度"为 +32，单击"确定"按钮，如图 4-32 所示。

图 4-32　设置色相/饱和度

④ 按 Ctrl+D 快捷键，将选区取消隐藏，完成溢色的处理。如图 4-33 所示为调整溢色的前后对比。

图 4-33　效果图前后对比效果

根据不同的效果可以使用不同的方法，这里就不一一介绍了。

4.6 根据环境设置建筑颜色

下面介绍如何根据环境更改建筑主体的色调。

① 选择菜单栏中的"文件"|"打开"命令，在弹出的"打开"对话框中选择随书附带光盘中的"素材文件\第4章\住宅日景.psd"文件。在图像中可以看到建筑颜色偏暖，与周围环境不符，接下来进行主建筑颜色调整。

② 在"图层"面板中选择"图层0"图层，该图层为主建筑图层，如图4-34所示。

③ 选择图层后，在"图层"面板底部单击 ◐．（创建新的填充或调整图层）按钮，在弹出的下拉菜单中选择"色彩平衡"命令，如图4-35所示。

图4-34　图像及"图层"面板　　　　　　　　　　图4-35　选择"色彩平衡"命令

④ 可以看到创建的调整图层，同时会弹出"色彩平衡"|"属性"面板，从中设置"黄色 - 蓝色"的值为 +18，如图4-36所示。

图4-36　调整色彩平衡

继续观察图4-36，可以看到图像中建筑模型的饱和度偏高，就会使整个建筑表现得比较假，下面就来降低一下饱和度。

⑤ 按 Ctrl+U 快捷键，在弹出的"色相/饱和度"对话框中设置"饱和度"为 -24，如图4-37所示。

⑥ 选择菜单栏中的"图像"|"自动对比度"命令，如图4-38所示，设置一下图像的自动对比度效果。

图 4-37　调整色相 / 饱和度

注意

　　"自动对比度"命令不能调整颜色单一的图像，也不能单独调节颜色通道，所以不会导致色偏；但也不能消除图像中已经存在的色偏，所以不会添加或减少色偏。"自动对比度"的原理是将图像中的最亮和最暗像素映射为白色和黑色，使暗调更暗而高光更亮。"自动对比度"命令可以改进许多摄影或连续色调图像的外观。

⑦　调整完成后的前后对比效果如图 4-39 所示。

图 4-38　"自动对比度"命令　　　　图 4-39　调整后的前后对比效果

4.7 小结

　　本章通过具体实例的操作过程，系统地向读者讲述了运用 Photoshop 软件中相应的工具和命令对不太理想的效果图进行修改的方法，其中包括对效果图错误材质的调整以及对不理想画面构图的调整、颜色通道的使用、调整溢色等。这些不足之处都是渲染后的效果图经常有的缺陷，希望读者能够认真体会本章所讲述的调整方法，平时多做一些这方面的练习来巩固所学的各项内容。

第 5 章
常用配景的处理

本章介绍常用素材的抠取、素材的投影、倒影及玻璃反射的处理，同时还介绍了天空的处理、植物和人像的各种效果处理等。

课堂学习目标

- 了解素材的抠取
- 了解投影和倒影的处理
- 了解天空的处理
- 了解植物的处理
- 了解人像的处理
- 掌握如何设置玻璃反射

5.1 抠取素材

在后期处理中素材是起到装饰和丰富画面效果的，而素材的来源就是日积月累的收藏和抠取的。在本节中将介绍两种常用的抠图方法，即选区抠图法和通道抠图法。

5.1.1 选区抠图法

选区抠图法主要是使用 （多边形套索工具）和 （磁性套索工具）来对图像进行抠取。

① 选择菜单栏中的"文件"|"打开"命令，在弹出的"打开"对话框中选择随书附带光盘中的"素材文件\第5章\选区抠图.jpg"文件，打开的图像如图5-1所示。

图5-1 图像效果

② 选择工具栏中的 （磁性套索工具），然后在工具选项栏中设置"宽度"为10像素、"对比度"为50%、"频率"为60，如图5-2所示。

图5-2 设置选项参数

③ 在图像中沙发的周围使用"磁性套索工具"创建选区，结果如图5-3所示。

图5-3 创建磁性套索选区

④ 选择工具栏中的 （多边形套索工具），然后在工具选项栏中单击 （添加到选区）按钮，如图5-4所示。

图5-4 设置多边形套索工具的选项

⑤ 接下来将没有选择到的区域使用 （多边形套索工具）进行选取，结果如图5-5所示。

⑥ 继续选择沙发腿区域，结果如图5-6所示。

图 5-5　创建沙发靠背选区　　　　　　　　图 5-6　创建沙发腿选区

⑦ 创建选区后，在"图层"面板的底部单击 ◙（添加蒙版）按钮，可以看到选取的图像，效果如图 5-7 所示。

图 5-7　添加蒙版后的效果

　　　这里添加蒙版主要是为了不破坏原始图像。在普通的抠取图像中，可以将不需要的区域删除即可。

5.1.2　通道抠图法

通道抠图法可以抠取毛发和细碎的边。下面就来介绍如何使用通道抠图法来抠取植物。

① 选择菜单栏中的"文件"|"打开"命令，在弹出的"打开"对话框中选择随书附带光盘中的"素材文件 \ 第 5 章 \ 通道抠图 .jpg"文件，打开的图像如图 5-8 所示。

② 在"通道"面板的底部单击 ▢（创建新通道）按钮，创建新通道，如图 5-9 所示。

③ 单击显示 RGB 通道，隐藏 Alpha 1 通道，并在轮廓清晰的图像位置创建选区。选择 Alpha 1 通道，设置背景色为白色，按 Ctrl+Delete 快捷键，将选区填充为白色，如图 5-10 所示。

④ 选择"红"通道，并在绿色植物区域创建选区，按 Ctrl+C 快捷键，复制选区，如图 5-11 所示。

⑤ 在"通道"面板的底部单击 ▢（创建新通道）按钮，创建新通道 Alpha 2，按 Ctrl+V 快捷键，粘贴选区到 Alpha 2 通道中，如图 5-12 所示。

图 5-8　图像效果　　　图 5-9　创建新通道

图 5-10　创建选区并调整白色

图 5-11　创建选区

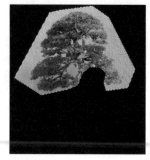

图 5-12　复制选区到新通道

⑥ 按 Ctrl+Shift+I 快捷键，反选区域，并填充选区为白色，如图 5-13 所示。按 Ctrl+D 快捷键，将选区取消选择。

⑦ 按 Ctrl+L 快捷键，打开"色阶"对话框，从中调整色阶，如图 5-14 所示。

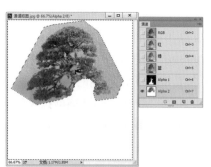
图 5-13　填充反选区域为白色

图 5-14　调整图像的色阶

⑧ 选择工具箱中的 ✔（画笔工具），在通道的植物区域绘制黑色，设置合适的画笔参数即可，如图 5-15 所示。

⑨ 按 Ctrl+I 快捷键，设置图像的反向效果，如图 5-16 所示。

注 意

　　按住 Ctrl 键单击选择的通道，可调出通道中的选区；拖动选择的通道到"将通道作为选区载入"按钮 ▦ 上，即可调出选区。

图 5-15 绘制黑色区域

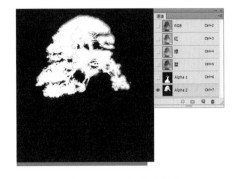

图 5-16 反向设置图像

⑩ 选择 Alpha 2 通道，单击 ▓（将通道作为选区载入）按钮，将白色区域载入选区；选择 Alpha 1 通道，确定选区处于选择状态，填充选区为白色，如图 5-17 所示。

⑪ 按 Ctrl+D 快捷键，取消选区的选择。选择 Alpha 1 通道，单击 ▓（将通道作为选区载入）按钮，将植物载入选区。选择 RGB 通道，隐藏不需要的两个 Alpha 通道，可以看到选择的植物，如图 5-18 所示。

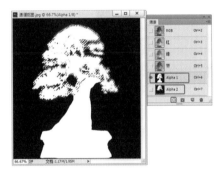

图 5-17 填充通道

图 5-18 载入通道选区

⑫ 选择植物后，在"图层"面板的底部单击 ▣（添加蒙版）按钮，可以看到抠取的植物，效果如图 5-19 所示。

图 5-19 添加蒙版后的效果

5.2 投影、倒影及玻璃反射的处理

投影和倒影以及玻璃反射是后期处理中经常会用到的一种配景处理效果。下面就来介绍图像投影、玻璃反射和水面倒影的处理方法。

5.2.1 图像投影处理

没有影子，物体的立体感也就无从体现了。因此，影子是使物体具有真实感的重要因素之一。通常情况下在为效果图场景中添加了配景后，就应该为该配景制作上投影效果。下面将介绍如何设置素材图像的投影效果。

❶ 选择菜单栏中的"文件"|"打开"命令，在弹出的"打开"对话框中选择随书附带光盘中的"素材文件\第5章\投影.tif"文件，打开的图像如图5-20所示。

❷ 选择菜单栏中的"文件"|"打开"命令，在弹出的"打开"对话框中选择随书附带光盘中的"素材文件\第5章\植物.psd"文件，如图5-21所示。

图5-20 图像效果

图5-21 植物素材

❸ 将"植物.psd"素材文件拖曳到"投影.tif"文件中，如图5-22所示。在场景中缩放拖入后的素材。

❹ 调整植物素材的大小后，可以在场景中将其移动到中间位置，然后在"图层"面板中选择"图层1"图层，并将该图层拖曳到 🔲（创建新图层）按钮上，复制出"图层1拷贝"图层，按Ctrl+T快捷键，打开自由变换框，将上端中间的控制点调整到下面，使其植物朝下，如图5-23所示。

图5-22 将素材拖曳到效果图中

图5-23 复制并调整图像

❺ 在自由变换框中右击，在弹出的快捷菜单中选择"斜切"命令，如图5-24所示。

❻ 在效果图中调整图像的斜切效果，如图5-25所示。

❼ 按Ctrl+U快捷键，在弹出的"色相/饱和度"对话框中设置"明度"为-100，如图5-26所示。

❽ 设置"图层1拷贝"图层的"不透明度"为35%，效果如图5-27所示。

❾ 选择菜单栏中的"滤镜"|"模糊"|"高斯模糊"命令，在弹出的"高斯模糊"对话框中设置"半径"为0.5像素，如图5-28所示。

图 5-24　选择"斜切"命令

图 5-25　调整图像斜切

图 5-26　设置图像的明度

图 5-27　设置图层的不透明度

图 5-28　设置图像的模糊效果

提示

　　影子的效果不会是棱角分明的，是根据不同的时间段显示不同的投影效果，也会出现不同的模糊效果，也可以参考周围的模型的影子来调整素材图像投影的模糊。

⑩ 继续调整图像的变换，效果如图 5-29 所示。

⑪ 调整植物素材和植物投影的位置后，使用 ▽（多边形套索工具）在效果图中选择倒影到墙体上的影子区域，如图 5-30 所示。

图 5-29　调整变换

图 5-30　创建选区

⑫ 创建选区后，按 Ctrl+X 快捷键和 Ctrl+V 快捷键，剪切并粘贴图像到"图层 2"图层中，调整图像的变换效果，如图 5-31 所示。

⑬ 设置图像的"不透明度"为 20%，效果如图 5-32 所示。

图 5-31　调整图像的变换

图 5-32　调整图像的不透明度

⑭ 按 Ctrl+Shift+Alt+E 快捷键，盖印图像到新的"图层 3"图层中，并在图像中花盆的底端使用 ◯.（椭圆选框工具）创建椭圆选区，如图 5-33 所示。

⑮ 选择菜单栏中的"选择"|"修改"|"羽化"命令，在弹出的"羽化选区"对话框中设置"羽化半径"为 10 像素，单击"确定"按钮，如图 5-34 所示。

图 5-33　盖印图层并创建椭圆选区

图 5-34　设置羽化

　　由于植物素材没有明暗渐变的色调，一般情况下花盆的底端会有一个暗部区域，所以接下来将会调整花盆底端的暗调。

⑯ 按 Ctrl+M 快捷键，在弹出的"曲线"对话框中调整曲线，降低图像的明度，如图 5-35 所示。

⑰ 按住 Ctrl 键单击"图层 1"图层缩览图，将其载入选区；然后选择盖印的"图层 3"图层，如图 5-36 所示。

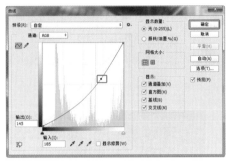

图 5-35　调整曲线

图 5-36　创建选区

⑱ 按 Ctrl+M 快捷键，在弹出的"曲线"对话框中调整曲线，如图 5-37 所示。

⑲ 完成添加素材和设置投影的最终效果，如图 5-38 所示。

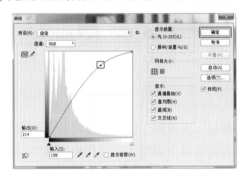

图 5-37　调整曲线

图 5-38　最终效果

5.2.2　玻璃反射处理

玻璃反射的效果与镜面效果不同，镜面效果可以完整地反射出素材效果，而玻璃反射的效果只有透明的一部分。下面就来介绍玻璃上的反射效果。

❶ 选择菜单栏中的"文件"|"打开"命令，在弹出的"打开"对话框中选择随书附带光盘中的"素材文件\第 5 章\玻璃幕 .tif"文件，打开的图像如图 5-39 所示。

❷ 选择菜单栏中的"文件"|"打开"命令，在弹出的"打开"对话框中选择随书附带光盘中的"素材文件\第 5 章\鸽子 .psd"文件，打开的图像如图 5-40 所示。

❸ 将鸽子素材图像拖曳到玻璃幕图像中，按 Ctrl+T 快捷键，打开自由变换控制框，等比例缩放鸽子图像，如图 5-41 所示。

❹ 在"图层"面板中设置"图层 1"图层混合模式为"正片叠底"，设置"不透明度"为 30%，效果如图 5-42 所示。

可以根据图像的类型设置不同的图层混合模式，或者只设置不透明度，而不设置图层混合模式，都可以制作玻璃反射效果。

图 5-39 玻璃幕效果

图 5-40 鸽子素材

图 5-41 等比例缩放素材图像

图 5-42 设置图层属性及效果

5.2.3 水面倒影处理

倒影与投影不同，倒影是可以看到素材的效果；而水面上的倒影又与其他的倒影不同，因为水面上是有波浪效果的，所以倒影处理时也要有波浪效果才会显得更加真实。接下来将会设置水面上的倒影效果。

❶ 选择菜单栏中的"文件"|"打开"命令，在弹出的"打开"对话框中选择随书附带光盘中的"素材文件\第5章\水面倒影.tif"文件，打开的图像如图 5-43 所示。

❷ 选择工具箱中的✄（裁剪工具），在文档窗口中调整裁剪区域，如图 5-44 所示。

图 5-43 素材图像

图 5-44 裁剪图像区域

❸ 使用▢（矩形选框工具）选择图像区域，按 Ctrl+J 快捷键，复制图像到"图层 1"图层中，如图 5-45 所示。

图 5-45　复制图像

④ 按 Ctrl+T 快捷键，打开自由变换控制框，调整"图层 1"图层中的图像，如图 5-46 所示。

⑤ 选择菜单栏中的"滤镜"|"扭曲"|"波纹"命令，在弹出的"波纹"对话框中设置"数量"为 214%、"大小"为"中"，单击"确定"按钮，如图 5-47 所示。

图 5-46　变换图像

图 5-47　设置波纹

⑥ 选择工具箱中的 ■ (渐变工具)，然后在工具选项栏中单击渐变色块，在弹出的"渐变编辑器"对话框中设置渐变颜色，色块为天蓝色和草绿色的 3 个色标，如图 5-48 所示。

⑦ 在渐变色块的上方选择"不透明度"色标，设置"不透明度"为 70%，如图 5-49 所示。

图 5-48　设置渐变

图 5-49　设置渐变的不透明度

⑧ 在"图层"面板的底部单击 ▣ (创建新图层)按钮，在文档窗口中创建水面的渐变颜色，如图 5-50 所示。

图 5-50　填充水面渐变

⑨ 设置渐变的图层混合模式为"正片叠底"，设置"不透明度"为 50%，如图 5-51 所示。

图 5-51　设置图层属性及效果

5.3 天空的处理

接下来介绍如何设置建筑效果图后期中的天空效果。

5.3.1 拖曳复制天空

拖曳复制天空是指使用 ▶ （移动工具）将打开的素材拖曳到效果中，即可完成复制的效果。

① 选择菜单栏中的"文件"|"打开"命令，在弹出的"打开"对话框中选择随书附带光盘中的"素材文件\第 5 章\建筑 .psd"文件，打开的图像如图 5-52 所示。该效果图中没有背景图像，可以看到建筑群后面是透明的区域。

② 选择菜单栏中的"文件"|"打开"命令，在弹出的"打开"对话框中选择随书附带光盘中的"素材文件\第 5 章\天空 .tif"文件，打开的图像如图 5-53 所示。该天空图像是作者自己所拍摄的照片，可以将其拖曳复制到建筑效果图中。

③ 使用工具箱中的 ▶ （移动工具）将天空素材图像拖曳复制到建筑效果图中，如图 5-54 所示。如果不符合建筑的大小，可以使用"自由变换"命令来调整天空素材的大小。

④ 调整天空素材的大小后，可以得到添加天空后的建筑图像效果，如图 5-55 所示。

图 5-52　建筑效果图像

图 5-53　天空素材图像

图 5-54　添加素材到效果图

图 5-55　添加天空后的效果

注　意

　　在添加天空素材时，需要注意的是，天空素材作为配景，应陪衬建筑物的形态，以突出、美化建筑为主，不能喧宾夺主。结构复杂的建筑应选用简单的天空素材作为背景，甚至用简单的颜色处理也可以。

5.3.2　使用渐变绘制天空

　　使用渐变色填充天空背景的方法，一般适合于制作万里无云的晴空，天空看起来宁静而高远。这种方法制作的天空给人一种简洁、宁静的感觉，适合主体建筑结构比较复杂的场景。

　　❶ 选择菜单栏中的"文件"|"打开"命令，在弹出的"打开"对话框中选择随书附带光盘中的"素材文件\第5章\住宅后期.psd"文件，打开的图像如图5-56所示。

　　❷ 在"图层"面板中的"背景"图层的上方创建一个"图层5"图层，如图5-57所示。

图 5-56　建筑图像效果

图 5-57　新建图层

③ 选择工具箱中的 ▄ (渐变工具)，然后在工具选项栏中单击渐变色块，在弹出的"渐变编辑器"对话框中设置第一个色标的 RGB 颜色为 26、73、137；第二个色标的 RGB 颜色为 119、156、207；第三个色标的 RGB 颜色为 255、219、149；第四个色标的 RGB 颜色为 255、255、255，如图 5-58 所示。

④ 在文档窗口中由左上拖曳出填充线，如图 5-59 所示。

图 5-58　设置填充颜色

图 5-59　拖曳出填充线

⑤ 创建填充后的效果，如图 5-60 所示。

图 5-60　填充后的效果

注 意

> 如果一次不能填充为满意的效果，那么可以填充多次，也可以随时调整渐变颜色来对图像背景进行填充，直到满意为止。

提 示

> 此外，还可以在有填充图像的情况下，新建一个图层，对图层填充，然后，设置图层混合模式，来完成天空的一种渐变或者调整天空颜色的操作。

5.3.3　添加云彩

在效果图的后期处理中，如果对当前天空不太满意，可以自己制作天空效果，如使用"渐变工具"填充渐变颜色，然后为渐变的填充添加云彩。

❶ 继续上一个案例来制作。选择菜单栏中的"文件" | "打开"命令，在弹出的"打开"对话框中选择随书附带光盘中的"素材文件\第 5 章\云 .tif"文件，打开的图像如图 5-61 所示。

❷ 选择工具箱中的 （魔棒工具），然后在工具选项栏中设置合适的容差值，取消选中"连续"复选框，在图像上选择白色云彩，如图 5-62 所示。

图 5-61　云彩图像效果　　　　　　　　图 5-62　创建选区

❸ 按 Ctrl+C 快捷键，复制选区中的图像后，切换到上一节中渐变填充的天空图像，按 Ctrl+V 快捷键，粘贴图像。按 Ctrl+T 快捷键，打开自由变换控制框，调整云彩的大小，如图 5-63 所示。

图 5-63　调整云彩大小

④ 在"图层"面板中设置图层混合模式为"变亮",如图 5-64 所示。

图 5-64　调整云彩混合模式

5.3.4　天空的合成

合成的天空可以使天空的颜色、层次更加丰富,也更加具有美感。接下来将介绍如何合成天空。

❶ 选择菜单栏中的"文件"|"打开"命令,在弹出的"打开"对话框中选择随书附带光盘中的"素材文件\第 5 章\六角亭子 .psd"文件,打开的图像如图 5-65 所示。在打开的六角亭子中将为其设置一个合成的天空效果。

❷ 选择菜单栏中的"文件"|"打开"命令,在弹出的"打开"对话框中选择随书附带光盘中的"素材文件\第 5 章\天空 1.tif"文件,打开的图像如图 5-66 所示。

❸ 将天空素材图像拖曳到亭子效果图中,按 Ctrl+T 快捷键,打开自由变换控制框,调整图像的大小,如图 5-67 所示。

图 5-65　亭子图像效果　　　　图 5-66　天空素材效果　　　　图 5-67　调整天空的大小

❹ 在"图层"面板中调整天空图层的位置并选择该图层,如图 5-68 所示。

❺ 在"图层"面板的底部单击 ■(添加蒙版)按钮,为图像创建蒙版。使用 ■(渐变工具)为蒙版图层添加渐变,渐变为白色到黑色,由左上角到右下角进行填充即可,如图 5-69 所示。

❻ 在"图层"面板中设置"图层 3"图层混合模式为"深色",可以看到完成的合成天空效果,如图 5-70 所示。

图 5-68　调整天空图层的位置

图 5-69　设置蒙版图层的渐变

图 5-70　设置图层混合模式后的效果

5.4　植物的处理

在效果图的后期处理中，缺少不了植物的添加，而添加植物的原则也有很多讲究，如比例、季节等。下面就来介绍一下后期处理中植物的一般处理方法。

5.4.1　边缘柔化的处理

由于抠取图像的方法不同，所以会不同程度地出现边缘问题。接下来将以室内的植物素材为例介绍如何将生硬的边缘变得柔滑。

❶ 选择菜单栏中的"文件"|"打开"命令，在弹出的"打开"对话框中选择随书附带光盘中的"素材文件\第5章\客厅日光.psd"文件，打开的图像如图5-71所示。

❷ 选择菜单栏中的"文件"|"打开"命令，在弹出的"打开"对话框中选择随书附带光盘中的"素材文件\第5章\茶几摆件.psd"文件，打开的图像如图5-72所示。

图 5-71　室内效果图　　　　　　　　　　图 5-72　茶几摆件素材图像

③ 按住 Ctrl 键，在"图层"面板中单击素材图像的图层缩览图，将素材图像载入选区并拖曳到室内效果图窗口中，如图 5-73 所示。

④ 选择菜单栏中的"选择"|"修改"|"边界"命令，在弹出的"边界选区"对话框中设置"宽度"为 5 像素，单击"确定"按钮，如图 5-74 所示。

图 5-73　载入选区并拖入　　　　　　　　　图 5-74　设置边界宽度

⑤ 创建的边界选区如图 5-75 所示。

⑥ 创建边界选区后，选择菜单栏中的"滤镜"|"模糊"|"高斯模糊"命令，在弹出的"高斯模糊"对话框中设置"半径"为 1 像素，单击"确定"按钮，如图 5-76 所示。

⑦ 设置模糊后，按 Ctrl+D 快捷键，将选区取消选择，效果如图 5-77 所示。

图 5-75　创建的边界选区　　　图 5-76　设置高斯模糊　　　图 5-77　设置模糊后的效果

⑧ 按 Ctrl+T 快捷键，打开自由变换控制框，在场景中等比例调整图像的大小；按 Ctrl+J 快捷键，复制图像，并调整图层的位置；按 Ctrl+T 快捷键，调整素材图像的翻转，如图 5-78 所示。

第 5 章

⑨ 使用 ⌐（多边形套索工具）选取茶几以外的图像，如图 5-79 所示。然后按 Delete 键将其删除。

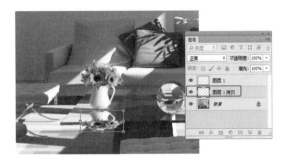
图 5-78　翻转复制的图像

图 5-79　删除选区中的图像

⑩ 添加图像素材后的室内效果如图 5-80 所示。

图 5-80　添加素材后的效果

5.4.2　调整植物素材的大小法则

在效果图后期处理中，调整素材的大小有以下几个原则。

1. 符合自然规律

植物素材在后期处理中是最为常见的配景，可以通过植物素材来增添效果图的生机。植物素材在后期处理中又分为近景植物、中景植物、远景植物这三类植物。近景植物的调整法则是根据比例来调整，保持纹理清晰、颜色明亮的效果来调整；中景植物相较近景植物来说，纹理可以次之，但也不可以模糊不清；远景植物要处理的模糊、颜色暗淡些，如图 5-81 所示。

图 5-81　植物配景

2. 符合季节规律

在添加植物配景时，还要注意所选择树木配景的色调及种类要符合地域和季节特色。

3. 植被疏密有序

在添加树木配景时，并不是种类和数量越多越好，毕竟它的存在是为了陪衬主体建筑。因此，树木配景只要能和主体建筑相映成趣，并注意透视关系和空间关系，切合实际就可以。

5.4.3 调整植物与图像相匹配

不同的季节搭配不同的植物，而不同的季节植物的色调也不同。下面就以一个植物配景为例进行介绍。

❶ 选择菜单栏中的"文件"|"打开"命令，在弹出的"打开"对话框中选择随书附带光盘中的"素材文件\第5章\植物匹配.psd"文件，打开的图像如图5-82所示。该文件是一个含有植物图层的文件，在"图层"面板中选择"图层1"图层。而且在图像中可以看到，植物的叶子是嫩绿色，这种植物一般会出现在春天，嫩绿的树叶很有朝气。

❷ 按Ctrl+U快捷键，弹出"色相/饱和度"对话框，如图5-83所示。

图5-82　植物图像　　　　　　　　　　图5-83　"色相/饱和度"对话框

❸ 将颜色选择为"黄色"，并设置"色相"为+26、"饱和度"为0、"明度"为-19，单击"确定"按钮，如图5-84所示。可以看到调整后的效果，树已经被调整为墨绿色，这时的树适合放置到初夏的效果图中。

❹ 继续调整"明度"为-72，如图5-85所示。此时调整后的树可以放置到盛夏的效果图中。

图5-84　调整黄色的色调　　　　　　　图5-85　调整明度

⑤ 继续设置"色相"为 +6、"饱和度"为 –49、"明度"为 –4，效果如图 5-86 所示。

⑥ 将颜色选择为"绿色"，并设置"色相"为 –42、"饱和度"为 –35、"明度"为 +59，如图 5-87 所示。此时的效果可以作为秋天的树放置到效果图中。

图 5-86　调整色相、饱和度及明度

图 5-87　调整绿色

5.5 人像的处理

　　人像的添加是后期处理中重要的一个步骤，不仅可以更好地烘托建筑效果，也可以增加效果图的层次感和空间感，使效果图更加贴近生活，更加富有气息。

　　添加人物素材时需要注意，添加人物的形象和数量要与建筑的风格相协调、人物与建筑的透视关系和比例关系要一致、人物的穿着要与建筑所要表现的季节相一致、为人物制作的投影或者倒影要与建筑的整体光照方向相一致，而且要有透明感。掌握这些重要的因素之后，下面就来介绍如何添加人物素材。

① 选择菜单栏中的"文件"|"打开"命令，在弹出的"打开"对话框中选择随书附带光盘中的"素材文件 \ 第 5 章 \ 雪景 .psd"文件，打开的图像如图 5-88 所示。

② 选择菜单栏中的"文件"|"打开"命令，在弹出的"打开"对话框中选择随书附带光盘中的"素材文件 \ 第 5 章 \ 冬季人物 .psd"文件，打开的图像如图 5-89 所示。

图 5-88　建筑图像

图 5-89　人物素材图像

　　在打开的人物素材图像中右击需要的人物素材，在弹出的快捷菜单中选择相应的图层名称，即可将图像所在的图层进行选择。

③ 将需要的人物素材图像拖曳到建筑效果图中，如图 5-90 所示。

④ 按 Ctrl+T 快捷键，等比例调整图像大小，如图 5-91 所示。然后调整图层的位置。

图 5-90　添加的人物素材

图 5-91　调整素材的大小

⑤ 按 Ctrl+M 快捷键，在弹出的"曲线"对话框中调整曲线，如图 5-92 所示。

⑥ 调整曲线后的图像效果如图 5-93 所示。

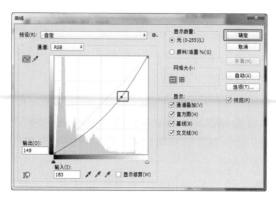
图 5-92　调整曲线

图 5-93　调整曲线后的效果

⑦ 继续选择菜单栏中的"图像"|"调整"|"自然饱和度"命令，在弹出的"自然饱和度"对话框中设置"饱和度"为 –31，单击"确定"按钮，如图 5-94 所示。

⑧ 调整人物素材图像饱和度后的效果如图 5-95 所示。

图 5-94　调整饱和度

图 5-95　调整饱和度后的效果

⑨ 按 Ctrl+J 快捷键，复制人物素材图层，调整复制出图层的位置；按 Ctrl+T 快捷键，将人物素材图像进行翻转并调整角度，制作出影子效果，如图 5-96 所示。

⑩ 按 Ctrl+U 快捷键，在弹出的"色相 / 饱和度"对话框中设置"明度"为 -100，如图 5-97 所示。

图 5-96　制作人物素材图像的倒影　　　　　图 5-97　调整人物倒影的明度

⑪ 选择菜单栏中的"滤镜"|"模糊"|"高斯模糊"命令，在弹出的"高斯模糊"对话框中设置"半径"为 15 像素，单击"确定"按钮，如图 5-98 所示。

⑫ 在"图层"面板中设置图层的"不透明度"为 50%，如图 5-99 所示。

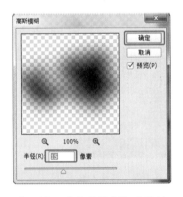

图 5-98　"高斯模糊"对话框　　　　　图 5-99　设置图层不透明度

⑬ 继续为效果图添加人物素材，如图 5-100 所示。

⑭ 按 Ctrl+T 快捷键，打开自由变换控制框，调整人物素材的大小，如图 5-101 所示。

图 5-100　添加人物素材　　　　　图 5-101　调整人物大小

⑮ 按 Ctrl+J 快捷键，复制人物图层，并调整图层的位置。然后使用"自由变换"命令调整人物的翻转和变形，如图 5-102 所示。

⑯ 参照前面人物影子的制作方法来制作人物的影子效果，如图 5-103 所示。

图 5-102　复制并调整人物　　　　　　　　图 5-103　制作影子效果

⑰ 继续为效果图添加人物素材，如图 5-104 所示。

⑱ 按 Ctrl+T 快捷键，打开自由变换控制框，缩放图像的大小，如图 5-105 所示。

图 5-104　添加人物素材　　　　　　　　图 5-105　调整人物大小

⑲ 参照前面人物影子的制作方法来制作人物影子效果，如图 5-106 所示。

⑳ 按 Ctrl+M 快捷键，在弹出的"曲线"对话框中调整曲线的形状，如图 5-107 所示。

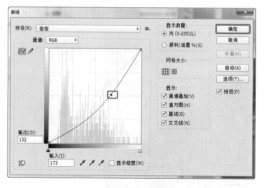

图 5-106　制作影子效果　　　　　　　　图 5-107　调整曲线

㉑ 完成添加人物后的效果图如图 5-108 所示。

图 5-108　添加人物后的效果图

5.6　小结

　　本章通过制作几个典型且实用的实例，介绍了效果图中遇到的各种投影和倒影的处理、天空的处理、植物的处理和人像的处理方法；并介绍了如何调整素材的色调来满足效果图的不同效果。希望通过对本章的学习，读者能够灵活运用配景素材的各种处理方法，提高制作水平。

第 6 章
效果图的光效与色彩

本章介绍效果图中在后期的光效和色彩的处理。在效果图中，光影效果处理得好坏将直接影响到效果图的最终表现。在 Photoshop 中可以轻松制作出一些室内的常用光效效果。例如，十字星光效果、筒灯投射效果、局部光线的退晕效果等。

课堂学习目标

- 了解室内光效的制作
- 了解室外光效的制作
- 掌握日景与夜景的转换

6.1 室内光效

本节将介绍室内中常用的光效设置，其中主要介绍如何设置暗藏灯光晕、台灯光效、霓虹灯管光效和筒灯光效。

6.1.1 添加暗藏灯光晕

本例介绍使用 ☑ (多边形套索工具) 在灯池的位置创建填充选区。填充选区后，在内侧创建选区，设置内侧选区的羽化，然后删除图像即可完成暗藏灯的光晕效果，如图 6-1 所示。

① 选择菜单栏中的"文件"|"打开"命令，在弹出的"打开"对话框中选择随书附带光盘中的"素材文件\第 6 章\暗藏灯槽 o.tif"文件，打开的图像如图 6-2 所示。

② 选择工具箱中的 ☑ (多边形套索工具)，在图像中创建灯池的选区，如图 6-3 所示。

图 6-1　暗藏灯光晕效果　　　　图 6-2　打开图像　　　　图 6-3　创建灯池选区

③ 单击工具箱中的前景色图标，在弹出的"拾色器 (前景色)"对话框中设置前景色的 RGB 颜色为 255、218、165，如图 6-4 所示。

④ 在"图层"面板的底部单击 ◻ (创建新图层) 按钮，新建"图层 1"图层。按 Alt+Delete 快捷键，将创建的选区填充为前景色，如图 6-5 所示。填充颜色后，按 Ctrl+D 快捷键，将选区取消选择。

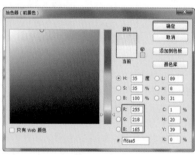
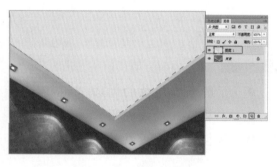

图 6-4　设置前景色　　　　　　图 6-5　填充选区为前景色

⑤ 选择工具栏中的 ☑ (多边形套索工具)，在填充的颜色内部创建多边形选区，如图 6-6 所示。

⑥ 选择菜单栏中的"滤镜"|"修改"|"羽化"命令，在弹出的"羽化选区"对话框中设置"羽化半径"为 30 像素，单击"确定"按钮，如图 6-7 所示。

⑦ 创建选区后，按 Delete 键，将选区中的图像删除，形成光晕效果，如图 6-8 所示。

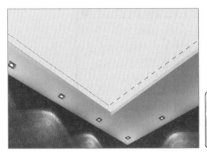

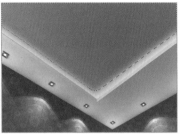

图 6-6　创建内侧选区　　　图 6-7　设置羽化参数　　　图 6-8　删除选区中的图像

注 意

　　光晕的颜色可以通过设置填充颜色来决定，灯池的光晕大小是由内侧选区的羽化来决定的，读者可以根据自己所需的效果进行设置。

6.1.2　添加台灯光效

添加台灯光效与暗藏灯光晕的制作基本相同。制作的台灯光效如图 6-9 所示。

① 选择菜单栏中的"文件"|"打开"命令，在弹出的"打开"对话框中选择随书附带光盘中的"素材文件 \ 第 6 章 \ 台灯 o.tif"文件，打开的图像如图 6-10 所示。

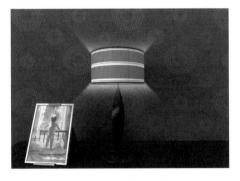

图 6-9　台灯光效　　　　　　　图 6-10　台灯素材

② 选择工具栏中的 ▽（多边形套索工具），在台灯灯罩的区域创建选区，如图 6-11 所示。

③ 单击工具箱中的前景色图标，在弹出的"拾色器（前景色）"对话框中设置前景色的 RGB 颜色为 255、241、221，如图 6-12 所示。

④ 在"图层"面板的底部单击 ▣（创建新图层）按钮，新建"图层 1"图层。确定选区处于选择状态，按 Alt+Delete 快捷键，填充选区为前景色，如图 6-13 所示。填充选区后，按 Ctrl+D 快捷键，取消选区的选择。

⑤ 设置填充图层混合模式为"叠加"，如图 6-14 所示。

⑥ 在"图层"面板的底部单击 ▣（创建新图层）按钮，新建"图层 2"图层。选择工具箱中的 ▢（矩形选框工具），在台灯的上方创建矩形区域，并按 Alt+Delete 快捷键，填充选区为前景色，如图 6-15 所示，填充选区后，按 Ctrl+D 快捷键，将选区取消选择。

图 6-11　创建台灯选区

图 6-12　设置前景色

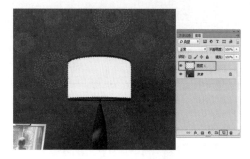

图 6-13　创建图层并填充选区

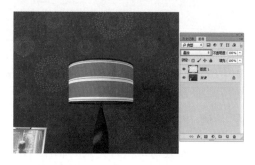

图 6-14　设置图层混合模式

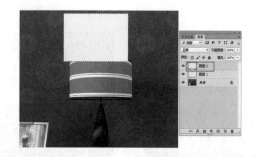

图 6-15　创建并填充选区

⑦ 选择工具箱中的 ▭（矩形选框工具），在填充的颜色上方创建矩形选区。选择菜单栏中的"选择"|"修改"|"羽化"命令，在弹出的"羽化选区"对话框中设置"羽化半径"为 80 像素，单击"确定"按钮，如图 6-16 所示。

⑧ 调整矩形选区到填充颜色顶部中间的位置，按 Delete 键，删除选区中的图像，如图 6-17 所示。

⑨ 按 Ctrl+D 快捷键，将选区取消选择；按 Ctrl+T 快捷键，打开自由变换控制框并右击，在弹出的快捷菜单中选择"透视"命令，调整图像，效果如图 6-18 所示。

⑩ 使用 ☑（多边形套索工具）将遮挡住灯效的光效区域删除，如图 6-19 所示。

⑪ 选择作为光效的图像及所在的图层后，再选择菜单栏中的"滤镜"|"模糊"|"高斯模糊"命令，在弹出的"高斯模糊"对话框中设置"半径"为 5.0 像素，单击"确定"按钮，如图 6-20 所示。

⑫ 使用同样的方法制作底部的光效，如图 6-21 所示。然后设置两个作为光效图层的"不透明度"为 50%。

图 6-16　创建矩形选区并羽化　　　　图 6-17　删除选区中的图像

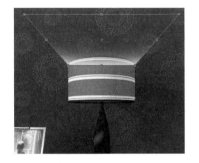
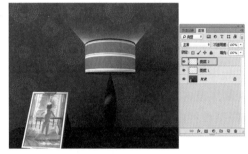

图 6-18　调整图像的变形　　　　图 6-19　删除遮挡灯罩的光效区域

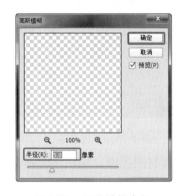

图 6-20　设置模糊参数　　　　图 6-21　设置图层的不透明度

⑬ 按住 Ctrl 键，单击作为光效图层的缩览图，将其载入选区，并选择"背景"图层。按 Ctrl+M 快捷键，在弹出的"曲线"对话框中调整曲线，如图 6-22 所示。

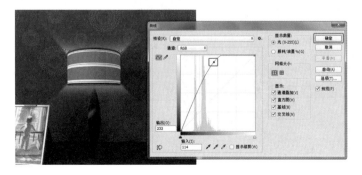

图 6-22　调整光效图像的曲线

⑭ 使用同样的方法调整底部光效区域的背景曲线，如图 6-23 所示。

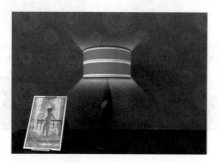

图 6-23　调整后的台灯光效

6.1.3　制作霓虹灯管光效

霓虹灯效果可以在室外或一些工装效果图中看到，也是室内比较常见的一种光效。本节将介绍如何制作室内霓虹灯管光效，如图 6-24 所示。

① 选择菜单栏中的"文件"|"打开"命令，在弹出的"打开"对话框中选择随书附带光盘中的"素材文件\第6章\霓虹灯 o.tif"文件，打开的图像如图 6-25 所示。

图 6-24　霓虹灯效果

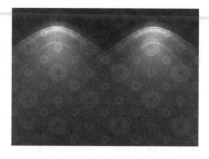

图 6-25　素材图像

② 选择工具箱中的 T（横排文字工具），在打开的素材图像中分别创建两排文本，在工具选项栏中选择合适的字体，如图 6-26 所示。

③ 选择创建的两个文本图层，如图 6-27 所示。

图 6-26　创建文本

图 6-27　选择图层

注 意

文本图层是不能直接为其施加任何的滤镜效果，所以在应用滤镜时，首先将文本图层"栅格化"，栅格化图层后的文本图层就会变为普通图层。

④ 按 Ctrl+E 快捷键，将选择的文本图层进行合并，如图 6-28 所示。

提 示

将两个文本图层合并后，即可得到一个普通图层，这里可以为其进行特殊效果编辑。

⑤ 合并为一个图层后，选择菜单栏中的"滤镜"|"模糊"|"高斯模糊"命令，在弹出的"高斯模糊"对话框中设置"半径"为 1.5 像素，单击"确定"按钮，如图 6-29 所示。

图 6-28　合并文本图层　　　　　图 6-29　设置文字模糊

⑥ 按 Ctrl+U 快捷键，打开"色相／饱和度"对话框，选中"着色"复选框，并设置"色相"为 40、"饱和度"为 100、"明度"为 –36，如图 6-30 所示。设置文字为黄色。

图 6-30　设置色相／饱和度

⑦ 双击文本所在的图层，在弹出的"图层样式"面板中选中"样式"为"内发光"选项，在右侧的内发光设置面板中设置"混合模式"为"正常"、"不透明度"为 60%、颜色为橘红色，设置"阻塞"为 0%、"大小"为 7 像素，如图 6-31 所示。

⑧ 选中"样式"为"外发光"选项，在右侧的外发光设置面板中设置"混合模式"为"正

常"、"不透明度"为55%、颜色为橘红色，设置"扩展"为2%、"大小"为15像素，如图6-32所示。

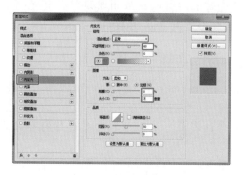

图6-31 设置内发光

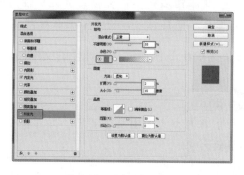

图6-32 设置外发光

⑨ 选择工具箱中的 ⚲ (多边形套索工具)，在效果图文字的周围创建选区，如图6-33所示。

⑩ 创建选区后，选择菜单栏中的"选择"|"修改"|"羽化"命令，在弹出的"羽化选区"对话框中设置"羽化半径"为20像素，单击"确定"按钮，如图6-34所示。

图6-33 创建选区

图6-34 设置羽化

⑪ 在"图层"面板中选择"背景"图层，然后单击底部的 ⬚ (创建新图层)按钮，创建一个新的图层。设置前景色为橘红色，并按 Alt+Delete 快捷键，将选区填充为橘红色，如图6-35所示。

⑫ 按 Ctrl+D 快捷键，取消选区的选择。设置图层混合模式为"亮光"，设置"不透明度"为30%，如图6-36所示。

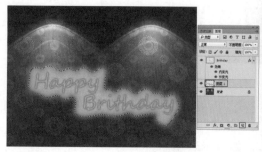

图6-35 填充选区为橘红色

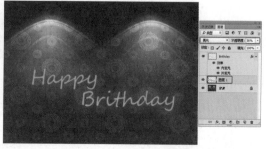

图6-36 设置图层属性

⑬ 如果对发光的图像颜色不满意可以使用"色相/饱和度"命令对其进行调整，直到满意为止，如图 6-37 所示。

图 6-37　设置色相/饱和度

⑭ 双击文本图层，在弹出的"图层样式"对话框中选中"样式"为"投影"选项，在右侧的投影设置面板中设置"不透明度"为 35%、"距离"为 10 像素、"扩展"为 0%、"大小"为 13 像素，如图 6-38 所示。

⑮ 继续在"图层样式"对话框中选中"样式"为"斜面和浮雕"选项，在右侧的斜面和浮雕设置面板中设置"样式"为"内斜面"、"深度"为 154%、"大小"为 8 像素、"软化"为 7 像素，如图 6-39 所示。

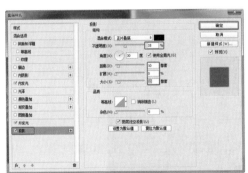

图 6-38　设置投影　　　　　　　　　　图 6-39　设置斜面和浮雕

⑯ 这样就制作出了霓虹灯的发光效果，如图 6-40 所示。

图 6-40　霓虹灯的发光效果

6.1.4　制作筒灯光效

筒灯的光效有照亮墙体的灯光效果，还有筒灯的十字光芒效果。首先介绍筒灯照射在墙

Photoshop CC
效果图后期处理技法剖析

面上的光效，如图6-41所示。

① 选择菜单栏中的"文件"|"打开"命令，在弹出的"打开"对话框中选择随书附带光盘中的"素材文件\第6章\筒灯光效o.tif"文件，打开的图像如图6-42所示。

② 选择工具箱中的○（椭圆选框工具），在筒灯的位置创建椭圆选区，如图6-43所示。

图6-41　筒灯光效　　　　图6-42　素材图像　　　　图6-43　创建椭圆选区

③ 选择工具箱中的■（渐变工具），在工具选项栏中单击渐变色块，在弹出的"渐变编辑器"对话框中设置渐变为白色，设置第一个色块的"不透明度"为51%，设置第二个色块的"不透明度"为0%，如图6-44所示。

④ 在"图层"面板的底部单击■（创建新图层）按钮，创建一个新的"图层1"图层，并在椭圆选区中拖曳填充渐变，如图6-45所示。填充渐变选区后，按Ctrl+D快捷键，取消选区的选择。

图6-44　设置渐变　　　　　　图6-45　新建并填充图层

⑤ 选择菜单栏中的"滤镜"|"模糊"|"高斯模糊"命令，在弹出的"高斯模糊"对话框中设置"半径"为15.0像素，单击"确定"按钮，如图6-46所示。

⑥ 按Ctrl+J快捷键，复制当前图层为"图层1拷贝"图层，接着隐藏复制出的图层。然后选择"图层1"图层并设置该图层混合模式为"叠加"，如图6-47所示。

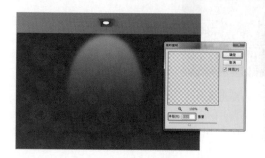
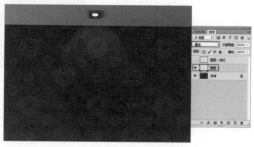

图6-46　设置图像的模糊　　　　图6-47　设置图层混合模式

⑦ 按 Ctrl+J 快捷键继续复制当前图层为"图层 1 拷贝 2"图层，如图 6-48 所示。

⑧ 显示"图层 1 拷贝"图层，设置该图层混合模式为"正常"，设置"不透明度"为 40%，如图 6-49 所示。

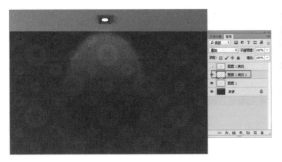 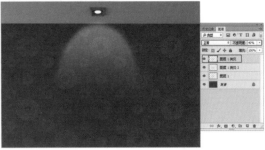

图 6-48　复制图层　　　　　　　　　　图 6-49　设置图层属性

⑨ 可以最终对作为光照的图像进行变形，如图 6-50 所示，完成筒灯光照效果。

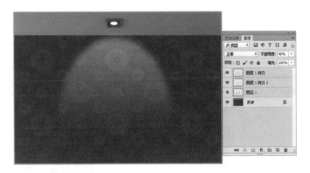

图 6-50　调整光照的变形

接下来将介绍如何制作筒灯的十字光芒，效果如图 6-51 所示。

① 选择菜单栏中的"文件"|"打开"命令，在弹出的"打开"对话框中选择随书附带光盘中的"素材文件\第 6 章\筒灯十字光芒 o.jpg"文件，打开的图像如图 6-52 所示。

图 6-51　筒灯十字光芒效果　　　　　　图 6-52　素材图像

制作十字光芒的方法有多种，下面将介绍最为常用的两种，首先使用"画笔工具"来绘制十字星形。

② 选择工具箱中的 ✐（画笔工具），在工具选项栏中选择画笔类型为星形，可以下载追加一些星形工具，在筒灯的位置绘制星形，如图 6-53 所示。

图 6-53　绘制星形

③ 通过调整笔刷的大小来绘制筒灯的远近光芒效果，如图 6-54 所示。
另一种方法是最常用也是效果最好的一种，就是使用光芒素材。
④ 选择菜单栏中的"文件"|"打开"命令，在弹出的"打开"对话框中选择随书附带
光盘中的"素材文件\第 6 章\光晕 .psd"文件，打开的图像如图 6-55 所示。

图 6-54　绘制星形光芒

图 6-55　光晕素材图像

⑤ 将光晕素材拖曳到效果图中，将图层混合模式设置为"滤色"，调整素材的大小，
将其放置到筒灯的位置，如图 6-56 所示。
⑥ 复制并调整素材的位置和大小，如图 6-57 所示。

图 6-56　设置图层混合模式

图 6-57　复制并调整后的效果

6.2　室外光效

下面将以实例的方式介绍室外光效的制作。

6.2.1　制作汽车的流光光效

　　汽车流光效果是指夜景中汽车灯光显现出的一种动态疾驰光效。本例介绍使用"矩形选框工具"创建选区并填充颜色，然后设置图像的杂色和动感模糊，并调整形状制作出流光光效，如图 6-58 所示。

　　❶ 选择菜单栏中的"文件"|"打开"命令，在弹出的"打开"对话框中选择随书附带光盘中的"素材文件\第 6 章\汽车流光 .tif"文件，打开的图像如图 6-59 所示。

图 6-58　流光效果　　　　　　　　　　　　图 6-59　素材图像

　　❷ 单击工具箱中的前景色，在弹出的"拾色器（前景色）"对话框中设置 RGB 颜色为 255、60、0，如图 6-60 所示。

　　❸ 单击"图层"面板底部的▣（创建新图层）按钮，新建"图层 1"图层。使用▢（矩形选框工具）在图像中绘制矩形，按 Alt+Delete 快捷键，将选区填充为前景色，如图 6-61 所示。

图 6-60　设置前景色　　　　　　　　　　　图 6-61　创建选区并填充前景色

　　❹ 选择菜单栏中的"滤镜"|"杂色"|"添加杂色"命令，在弹出的"添加杂色"对话框中设置合适的杂色数量，并选中"高斯分布"选项，选中"单色"复选框，单击"确定"按钮，如图 6-62 所示。

　　❺ 按 Ctrl+D 快捷键，取消选区的选择。选择菜单栏中的"滤镜"|"模糊"|"动感模糊"命令，在弹出的"动感模糊"对话框中设置"角度"为 0 度、"距离"为 277 像素，单击"确定"按钮，如图 6-63 所示。

　　❻ 按住 Ctrl 键，单击"图层 1"图层缩览图，将图层载入选区，如图 6-64 所示。

　　❼ 选择菜单栏中的"选择"|"修改"|"羽化"命令，在弹出的"羽化选区"对话框中设置"羽化半径"为 8 像素，如图 6-65 所示。

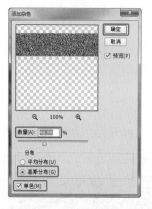

图 6-62　设置添加杂色

图 6-63　设置动感模糊参数

图 6-64　载入图层选区

图 6-65　设置羽化半径

⑧ 设置羽化后，选择菜单栏中的"选择"|"反选"命令，反选图像；按 Delete 键，将反选的图像删除，如图 6-66 所示。

⑨ 按 Ctrl+T 快捷键，打开自由变换控制框，调整图像的大小，并对作为流光的图像进行复制，如图 6-67 所示。

图 6-66　反选并删除图像

图 6-67　复制图像

提示

在制作汽车流光时，可以看到如图 6-68 所示的汽车效果。该汽车效果可能处于静止和慢速前进状态中，所以该汽车的流光效果会很淡，或者可以为汽车设置一个较强的动感模糊效果，来更好地表现疾驶的汽车。

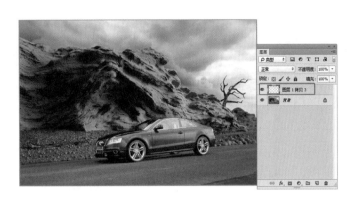

图 6-68　擦除图像

⑩ 按住 Ctrl 键，选择所有的流光图层；按 Ctrl+E 快捷键合并作为流光的图层。选择工具箱中的 🖊 （橡皮擦工具），设置合适的橡皮擦参数，擦除流光图像至合适的效果，如图 6-68 所示。

6.2.2　制作城市光柱光效

下面将以一个建筑效果图来介绍如何制作城市光柱效果，主要通过复制图像，并设置图像的动感模糊效果，如图 6-69 所示。

① 选择菜单栏中的"文件"|"打开"命令，在弹出的"打开"对话框中选择随书附带光盘中的"素材文件\第6章\制作城市光柱光效 o.psd"文件，打开的图像如图 6-70 所示。

图 6-69　城市光柱效果　　　　图 6-70　素材图像

② 按住 Ctrl 键，单击"建筑"图层缩览图，将建筑载入选区，如图 6-71 所示。

③ 选择工具箱中的 ▭ （矩形选框工具），按住 Alt 键，减选建筑底部，如图 6-72 所示。

④ 按 Ctrl+J 快捷键，将选区中的建筑区域复制到新的图层中，如图 6-73 所示。

⑤ 复制图像到新的图层后，按 Ctrl+M 快捷键，在弹出的"曲线"对话框中调整曲线的形状，如图 6-74 所示。

⑥ 调整曲线后的图像效果如图 6-75 所示。

⑦ 选择菜单栏中的"滤镜"|"模糊"|"动感模糊"命令，在弹出的"动感模糊"对话

框中设置"角度"为90度、"距离"为1155像素,单击"确定"按钮,如图6-76所示。

图6-71 载入建筑选区

图6-72 减选建筑区域

图6-73 复制图像到新图层

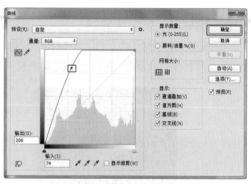

图6-74 调整曲线形状

图6-75 调整曲线后的图像效果

图6-76 设置动感模糊效果

⑧ 设置后的动感模糊效果如图 6-77 所示。

⑨ 在"图层"面板中，将设置动感模糊效果的图层放置到"建筑"图层的下方，效果如图 6-78 所示。

图 6-77　动感模糊效果　　　　　　　图 6-78　调整图层位置后的效果

提 示

　　动感模糊的参数可以根据打开的效果图的大小来设置"距离"，较大的图像可以设置较大的"距离"。

6.2.3　制作玻璃强光光效

　　玻璃在正午阳光照射十足的情况下会出现一种玻璃强光的光效。下面将使用"镜头光晕"命令制作玻璃强光光效，如图 6-79 所示。

　　① 选择菜单栏中的"文件"|"打开"命令，在弹出的"打开"对话框中选择随书附带光盘中的"素材文件\第6章\玻璃强光光效 o.tif"文件，打开的图像如图 6-80 所示。

　　② 打开素材图像后，选择菜单栏中的"滤镜"|"渲染"|"镜头光晕"命令，在弹出的"镜头光晕"对话框中设置"亮度"为 70%，设置"镜头类型"为"50-300 毫米变焦"，如图 6-81 所示。

图 6-79　玻璃强光光效　　　　　图 6-80　素材图像　　　　　图 6-81　设置镜头光晕

③ 添加镜头光晕的效果如图 6-82 所示。

光晕效果的参数也是根据情况进行设置的，所以在使用各种工具制作图像效果时要会活学活用，灵活掌握所学的知识点来调整出需要的图像效果。

图 6-82　添加镜头光晕的效果

6.2.4　制作太阳光束光效

太阳光束在室内外都是经常来表现光照的一种手法，起到装饰和点缀的作用。增添效果图的自然光效，通过创建选区图像，并设置图像的动感模糊制作出太阳光束光效，如图 6-83 所示。

① 选择菜单栏中的"文件"|"打开"命令，在弹出的"打开"对话框中选择随书附带光盘中的"素材文件\第 6 章\太阳光束光效 o.jpg"文件，打开的图像如图 6-84 所示。

图 6-83　太阳光束光效　　　　　　　　　　图 6-84　素材图像

② 选择工具箱中的 （魔棒工具），在工具选项栏中选中"连续"复选框，按住 Shift 键，选择如图 6-85 所示的区域。

③ 单击"图层"面板底部的 （创建新图层）按钮，新建一个图层。然后填充选区为白色；接着反选选区，填充选区为黑色。填充后的效果如图 6-86 所示。

图 6-85　创建选区　　　　　　　　　　图 6-86　填充选区

④ 按 Ctrl+D 快捷键，取消选区的选择。选择菜单栏中的"滤镜"|"模糊"|"动感模糊"命令，在弹出的"动感模糊"对话框中设置"角度"为 80 度、"距离"为 853 像素，单击"确

定"按钮,如图 6-87 所示。

⑤ 设置完成动感模糊效果后,设置图层混合模式为"滤色",如图 6-88 所示。

图 6-87 设置动感模糊　　　　　图 6-88 设置图层混合模式

⑥ 使用 ✏ (橡皮擦工具) 擦除多余的光感,效果如图 6-89 所示。

图 6-89 擦除多余的光感

⑦ 如果光效不足,可以对作为光效的图层进行复制,并设置一个合适的"不透明度",如图 6-90 所示。

图 6-90 复制图层后的效果

除此之外,还可以对制作的光效进行变形,使效果更加逼真,这里就不再详细介绍了。

6.3 将日景转换为黄昏效果

将日景转换为黄昏效果主要是更换素材以及调整建筑的色调。下面主要介绍使用各种调整色调命令将日景转换为黄昏效果,如图 6-91 所示。

① 选择菜单栏中的"文件"|"打开"命令，在弹出的"打开"对话框中选择随书附带光盘中的"素材文件\第6章\将日景转换为黄昏 o.tif"文件，打开的图像如图 6-92 所示。

图 6-91　黄昏效果

图 6-92　素材图像

② 按 Ctrl+J 快捷键，复制"背景"图层为"图层 1"图层，然后将"图层 1"图层隐藏，如图 6-93 所示。

③ 选择"背景"图层，然后选择菜单栏中的"图像"|"调整"|"照片滤镜"命令，在弹出的"照片滤镜"对话框中设置"使用"选项组中的"滤镜"为"加温滤镜 (85)"，设置"浓度"为 100%，单击"确定"按钮，如图 6-94 所示。

图 6-93　复制图层

图 6-94　设置照片滤镜

④ 按 Ctrl+M 快捷键，在弹出的"曲线"对话框中调整曲线的形状，如图 6-95 所示。

⑤ 调整曲线后的效果如图 6-96 所示。

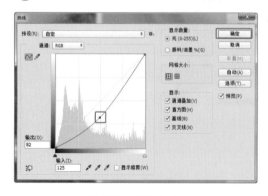

图 6-95　调整曲线

图 6-96　调整曲线后的效果

⑥ 按 Ctrl+L 快捷键，在弹出的"色阶"对话框中调整色阶的参数为 0、0.95、255，如

图 6-97 所示。

⑦ 显示"图层 1"图层，并设置该图层的"不透明度"为 50%，如图 6-98 所示。

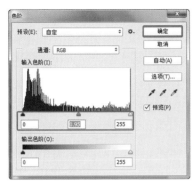

图 6-97　调整色阶参数　　　　　图 6-98　设置图层不透明度

6.4 小结

　　本章通过制作几个常用的光效，介绍了效果图中遇到的各种因为灯光问题而缺憾的效果图。希望通过制作各种常用的室内外光效，读者能够灵活运用各种工具和命令，修改在制作中遇到的各种因为光效而造成的缺憾效果图。

第7章
制作各种常用纹理贴图

    在室内外建筑效果图制作过程中，所用到的贴图一般都是从备用的材质库中直接调用的现成素材。然而，在实际工作中有时又很难找到一张完全称心如意的贴图，这时就可以运用 Photoshop 软件制作自己需要的贴图，或者对不适用的贴图进行编辑修改，以满足自己对材质及造型的需求。

课堂学习目标

- 了解并掌握无缝贴图的制作
- 了解并掌握金属质感贴图的制作
- 了解并掌握木纹质感贴图的制作
- 了解并掌握布纹质感贴图的制作
- 了解并掌握石材质感贴图的制作
- 了解并掌握草地贴图的制作

7.1 制作无缝贴图

在三维渲染中经常会用到一些无缝贴图，而无缝贴图不会通过拍照就能拍出来的效果，必须通过后期处理软件来处理，其中将主要使用"位移"命令和"仿制图章工具"进行制作。如图 7-1 所示为无缝贴图的前后对比效果。

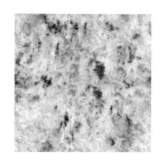

图 7-1　无缝贴图的前后对比效果

❶ 打开随书附带光盘中的"素材文件\第7章\无缝贴图o.jpg"文件。选择菜单栏中的"滤镜"|"其他"|"位移"命令，在弹出的"位移"对话框中设置合适的位移参数，如图 7-2 所示。

❷ 设置位移图像后，可以看到明显的分界，这里需要使用 🖫 (仿制图章工具) 在边界的周围按住 Alt 键点取源区域，然后在分界上绘制，重复拾取源和绘制，将分界进行擦除，如图 7-3 所示。

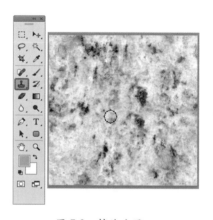

图 7-2　设置位移参数　　　　　　图 7-3　擦除分界

这样无缝贴图就制作完成了，可以应用到三维模型的贴图中，查看一下。

7.2 制作金属质感贴图

金属材质在效果图制作中主要是不锈钢、黄金或黄铜以及生锈的金属等，它们各有自己的表现效果。

7.2.1　制作拉丝不锈钢质感贴图

在自然界中，不锈钢以其特殊金属纹理和光泽度受到艺术家们的关注，又因其不容易生锈更深得广大消费者的喜爱。如图 7-4 所示为拉丝不锈钢质感效果。

① 新建一个文件，设置"宽度"和"高度"均为 500 像素，设置"分辨率"为 72 像素 / 英寸，"颜色模式"为"灰度"，如图 7-5 所示。

图 7-4　拉丝不锈钢质感效果　　　　　　　　图 7-5　新建文件

② 新建文件后，按住 D 键，设置默认的前景色和背景色，如图 7-6 所示。

③ 选择菜单栏中的"滤镜"|"渲染"|"云彩"命令，执行多次，直到满意的图像效果为止，如图 7-7 所示。

图 7-6　设置默认的前景色和背景色　　　　　　图 7-7　设置云彩效果

④ 选择菜单栏中的"滤镜"|"模糊"|"高斯模糊"命令，在弹出的"高斯模糊"对话框中设置"半径"为 18 像素，如图 7-8 所示。

图 7-8　设置图像的模糊

⑤ 选择菜单栏中的"滤镜"|"杂色"|"添加杂色"命令，在弹出的"添加杂色"对话

框中设置"数量"为12.5%，选择"分布"为"平均分布"，如图7-9所示。

⑥ 选择菜单栏中的"滤镜"|"模糊"|"动感模糊"命令，在弹出的"动感模糊"对话框中设置"角度"为90度、"距离"为45像素，如图7-10所示。

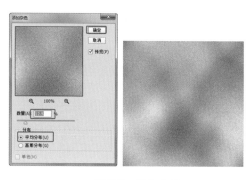
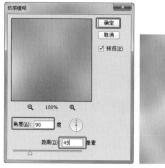

图 7-9　添加杂色　　　　　　　　　图 7-10　设置动感模糊

⑦ 单击"图层"面板底部的 ◐.（创建新的填充或调整图层）按钮，在弹出的下拉菜单中选择"渐变"命令，接着在弹出的"渐变填充"对话框中选择一种金属类型的填充，如图7-11所示。

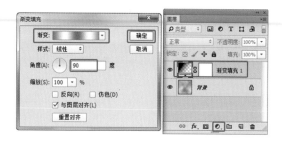

图 7-11　设置渐变填充

⑧ 创建填充后，选择填充图层，设置图层混合模式为"正片叠底"，如图7-12所示。

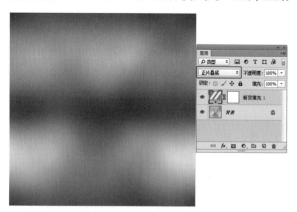

图 7-12　设置图层混合模式

⑨ 继续单击"图层"面板底部的 ◐.（创建新的填充或调整图层）按钮，在弹出的下拉菜单中选择"色阶"命令，在"属性"面板中设置色阶为0、0.69、222，如图7-13所示。

⑩ 将制作的拉丝不锈钢质感效果进行存储，这里就不再详细介绍了。

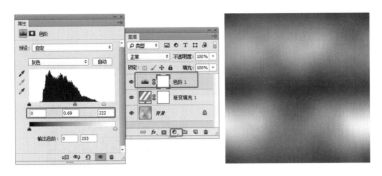

图 7-13　设置色阶

7.2.2　制作液态金属质感贴图

液态金属是一种有黏性的流体，流动具有不稳定性，主要用于消费电子领域，具有熔融后塑形能力强、高硬度、抗腐蚀、高耐磨等特点，如图 7-14 所示。

❶ 新建一个文件，设置"宽度"和"高度"均为 500 像素，设置"分辨率"为 72 像素 / 英寸，"颜色模式"为"RGB 颜色"，如图 7-15 所示。

图 7-14　液态金属质感效果　　　　图 7-15　新建文件

❷ 新建文件后，按住 D 键，恢复默认的前景色和背景色，如图 7-16 所示。

❸ 选择菜单栏中的"滤镜"|"杂色"|"添加杂色"命令，在弹出的"添加杂色"对话框中设置"数量"为 400.00%，选择"分布"为"高斯分布"，并选中"单色"复选框，如图 7-17 所示。

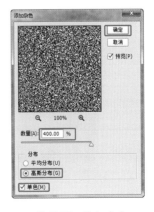

图 7-16　恢复默认的前景色和背景色　　　　图 7-17　添加杂色

④ 选择菜单栏中的"滤镜"|"像素化"|"晶格化"命令，在弹出的"晶格化"对话框中设置"单元格大小"为12，如图7-18所示。

图7-18　晶格化

⑤ 选择菜单栏中的"滤镜"|"滤镜库"命令，在弹出的滤镜库中选择"风格化"|"照亮边缘"，设置"边缘宽度"为2、"边缘亮度"为6、"平滑度"为5，如图7-19所示。

⑥ 设置前景色为黑色、背景色为白色。选择菜单栏中的"滤镜"|"渲染"|"分层云彩"命令，效果如图7-20所示。

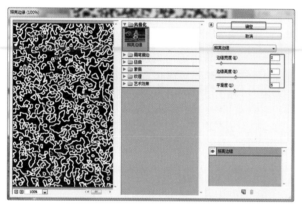

图7-19　设置照亮边缘参数　　　　　　　　图7-20　分层云彩效果

⑦ 选择菜单栏中的"滤镜"|"滤镜库"命令，在弹出的滤镜库中选择"素描"|"铭黄渐变"，设置"细节"为4、"平滑度"为7，如图7-21所示。

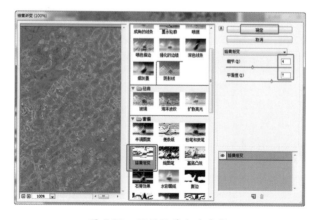

图7-21　设置铭黄渐变参数

⑧ 选择菜单栏中的"图像"|"调整"|"色彩平衡"命令，在弹出的"色彩平衡"对话框中设置"阴影"的"色阶"为 26、24、-26，如图 7-22 所示。

⑨ 设置"中间调"的"色阶"为 52、8、-64，如图 7-23 所示。

⑩ 设置"高光"的"色阶"为 52、18、-62，如图 7-24 所示。

 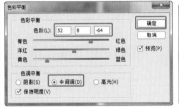 

图 7-22　设置阴影色阶　　　　图 7-23　设置中间调色阶　　　　图 7-24　设置高光色阶

⑪ 设置色彩平衡后的效果如图 7-25 所示。

⑫ 选择菜单栏中的"图像"|"调整"|"色阶"命令，在弹出的"色阶"对话框中设置各项参数如图 7-26 所示。直到满意为止，这样就完成液态金属质感贴图。

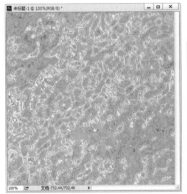 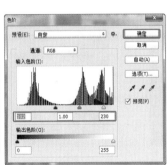 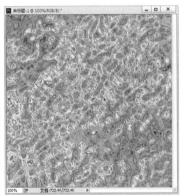

图 7-25　设置色彩平衡后的效果　　　　图 7-26　调整图像的色阶

提 示

　　在制作贴图时，参数不是固定的，这里给的参数只是一个参考，可以根据自己需要贴图的情况进行设置，学会灵活运用参数的设置。

7.2.3　制作铁锈金属质感贴图

　　铁锈金属是通过将铁制品风化而自然形成的一种效果。本节介绍使用 Photoshop 制作铁锈金属质感贴图，如图 7-27 所示。

① 新建一个文件，设置"宽度"和"高度"均为 500 像素，设置"分辨率"为 72 像素/英寸，"颜色模式"为"灰度"，如图 7-28 所示。

② 选择菜单栏中的"滤镜"|"渲染"|"云彩"命令，可以多按两次 Ctrl+F 快捷键设置出需要的云彩效果，如图 7-29 所示。

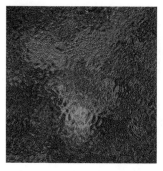

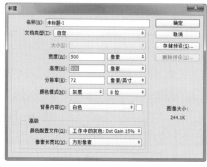

图 7-27　铁锈金属质感效果　　　　图 7-28　新建文件　　　　　图 7-29　设置云彩

③ 继续选择菜单栏中的"滤镜"|"渲染"|"分层云彩"命令，可以多按两次 Ctrl+F 快捷键，设置出需要的分层云彩效果，如图 7-30 所示。

④ 选择菜单栏中的"滤镜"|"渲染"|"光照效果"命令，在图像中创建光源后，并在弹出的"属性"面板中调整光源为"点光"，设置"颜色"为橘红色、"强度"为 79、"曝光度"为 0、"光泽"为 0、"金属质感"为 100、"环境"为 21，如图 7-31 所示。

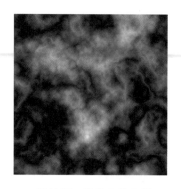

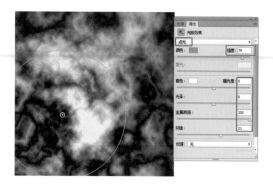

图 7-30　设置分层云彩　　　　　　　图 7-31　设置光照效果

⑤ 选择菜单栏中的"滤镜"|"滤镜库"命令，在弹出的滤镜库中选择"艺术效果"|"塑料包装"，设置"高光强度"为 20、"细节"为 15、"平滑度"为 15，如图 7-32 所示。

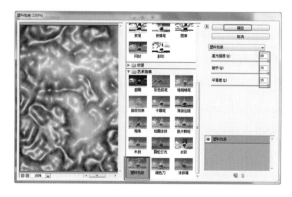

图 7-32　设置塑料包装参数

⑥ 选择菜单栏中的"滤镜"|"扭曲"|"波纹"命令，在弹出的"波纹"对话框中设置"数量"为 999%，单击"确定"按钮，如图 7-33 所示。

⑦ 设置波纹滤镜后的效果如图 7-34 所示。

图 7-33　设置波纹参数　　　　图 7-34　波纹效果

⑧ 选择菜单栏中的"滤镜"|"滤镜库"命令，在弹出的滤镜库中选择"扭曲"|"玻璃"，设置"扭曲度"为 20、"平滑度"为 7、"缩放"为 70%，如图 7-35 所示。

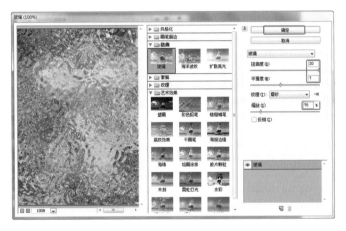

图 7-35　设置玻璃参数

⑨ 设置玻璃滤镜后的效果如图 7-36 所示。

⑩ 选择菜单栏中的"滤镜"|"渲染"|"光照效果"命令，在弹出的"属性"面板中设置"颜色"为深的红铜色、"强度"为 30、"曝光度"为 0、"光泽"为 0、"金属质感"为 60、"环境"为 21，选择"纹理"为"红"，设置"高度"为 10，在图像中调整光源，如图 7-37 所示。

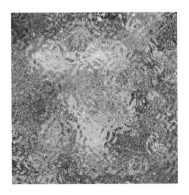
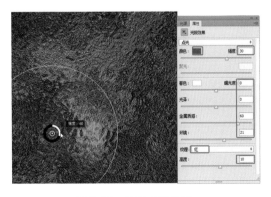

图 7-36　玻璃效果　　　　　　图 7-37　设置光照效果

7.3 制作木纹质感贴图

本节介绍木纹质感贴图的制作，效果如图 7-38 所示。

① 新建一个文件，设置"宽度"和"高度"均为 500 像素，设置"分辨率"为 72 像素 / 英寸，如图 7-39 所示。

② 按 D 键，恢复默认的前景色和背景色。选择菜单栏中的"滤镜"|"杂色"|"添加杂色"命令，在弹出的"添加杂色"对话框中设置"数量"为 400.00%，选择"分布"为"高斯分布"，选中"单色"复选框，如图 7-40 所示。

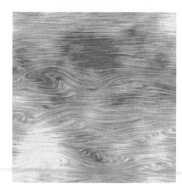

图 7-38　木纹质感效果

图 7-39　新建文件

③ 选择菜单栏中的"滤镜"|"模糊"|"动感模糊"命令，在弹出的"动感模糊"对话框中设置"角度"为 90 度、"距离"为 35 像素，如图 7-41 所示。

图 7-40　设置添加杂色

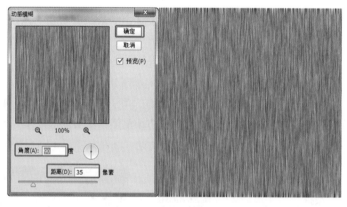

图 7-41　设置动感模糊

④ 在"图层"面板中新建一个"图层 1"图层，如图 7-42 所示。设置背景色为默认的白色，按 Ctrl+Delete 快捷键，将该图层填充为白色，如图 7-43 所示。

⑤ 按 D 键恢复前景色和背景色，选择菜单栏中的"滤镜"|"渲染"|"云彩"命令，执行多次，直到满意的图像效果，如图 7-44 所示。

⑥ 将"图层 1"图层混合模式设置为"亮光"、"不透明度"为 40%，如图 7-45 所示。

⑦ 双击"背景"图层，在弹出的"新建图层"对话框中使用默认的参数，单击"确定"按钮，将背景图层转换为普通图层，如图 7-46 所示。

图 7-42　新建图层　　　　　　　图 7-43　填充图层为白色

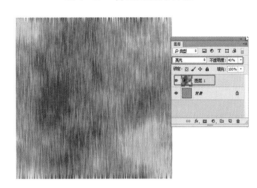

图 7-44　设置云彩效果　　　　　　图 7-45　设置图层属性

⑧ 按 Ctrl+T 快捷键，打开自由变换控制框，旋转一下图像的角度，如图 7-47 所示。

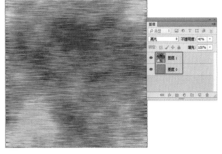

图 7-46　将背景图层转换为普通图层　　　　　图 7-47　旋转图像的角度

⑨ 选择转换为普通图层的"图层 0"图层，然后选择菜单栏中的"滤镜"|"扭曲"|"波浪"命令，在弹出的"波浪"对话框中设置"生成器数"为 11、"波长"的"最小"为 213、"最大"为 251，"振幅"的"最小"为 1、"最大"为 2，"比例"的"水平"为 100%、"垂直"为 100%，如图 7-48 所示。

⑩ 设置波浪滤镜后的效果如图 7-49 所示。

⑪ 选择菜单栏中的"滤镜"|"液化"命令，弹出"液化"对话框，在左侧的工具箱中选择 ⊿（向前变形工具），在预览窗口中涂抹，制作出花纹，效果如图 7-50 所示。

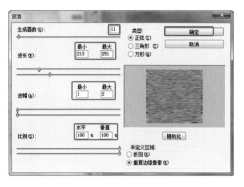

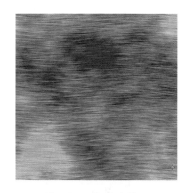

图 7-48　设置波浪参数　　　　　　　　图 7-49　波浪效果

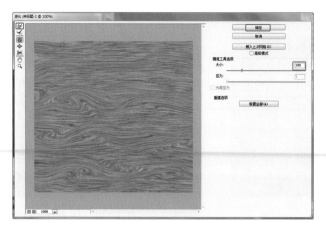

图 7-50　设置液化效果

⑫ 选择菜单栏中的"滤镜"｜"锐化"｜"USM 锐化"命令，在弹出的"USM 锐化"对话框中设置"数量"为 61%、"半径"为 0.5 像素、"阈值"为 0 色阶，如图 7-51 所示。

⑬ 单击"图层"面板底部的 ⊘ (创建新的填充或调整图层) 按钮，在弹出的下拉菜单中选择"色彩平衡"命令，在弹出的"属性"面板中设置"色调"为"中间调"，设置色彩平衡参数为 +100、+14、-87，如图 7-52 所示。

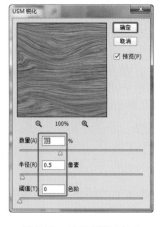

图 7-51　设置 USM 锐化　　　　　　　图 7-52　设置中间调

⑭ 设置"色调"为"阴影",设置色彩平衡参数为 +50、+19、−17,如图 7-53 所示。

⑮ 设置"色调"为"高光",设置色彩平衡参数为 +15、−17、−60,如图 7-54 所示。

⑯ 调整色彩平衡后的效果如图 7-55 所示。

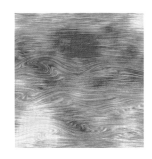

图 7-53　设置阴影　　　　　图 7-54　设置高光　　　　　图 7-55　色彩平衡效果

⑰ 单击"图层"面板底部的 ![icon](）(创建新的填充或调整图层) 按钮,在弹出的下拉菜单中选择"色阶"命令,在弹出的"属性"面板中设置色阶的参数为 0、1.56、255,如图 7-56 所示。

⑱ 调整色阶后的效果如图 7-57 所示。

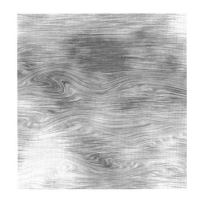

图 7-56　设置色阶参数　　　　　图 7-57　色阶效果

7.4　制作布纹质感贴图

布料纹理是图像设计中经常用到的,尤其是在三维设计的贴图中,效果如图 7-58 所示。

❶ 选择菜单栏中的"文件"|"新建"命令,在弹出的"新建"对话框中设置各项参数,如图 7-59 所示

❷ 按 D 键,设置默认的前景色和背景色。选择菜单栏中的"滤镜"|"渲染"|"云彩"命令,制作云彩效果,如图 7-60 所示。

❸ 选择菜单栏中的"滤镜"|"滤镜库"命令,在弹出的滤镜库中选择"画笔描边"|"阴影线",设置"描边长度"为 50、"锐化程度"为 20、"强度"为 3,如图 7-61 所示。

❹ 继续打开"滤镜库",选择"纹理"|"纹理化",选择"纹理"为"粗麻布",设置"缩放"为 50%、"凸现"为 10,如图 7-62 所示。

图 7-58　布纹质感效果　　　　　图 7-59　新建文件　　　　　　图 7-60　云彩效果

图 7-61　设置阴影线

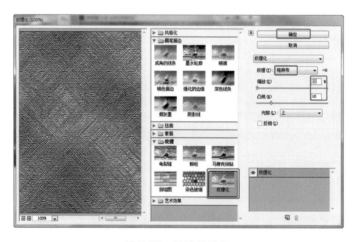

图 7-62　设置纹理化

⑤ 按 Ctrl+B 快捷键，在弹出的"色彩平衡"对话框中选择"色调平衡"为"中间调"，设置"色阶"为 -100、-55、+100，如图 7-63 所示。

⑥ 选择"色调平衡"为"阴影"，设置"色阶"为 -59、+100、+100，如图 7-64 所示。

⑦ 选择"色调平衡"为"高光"，设置"色阶"为 +49、+60、+100，如图 7-65 所示。

⑧ 设置出的色彩平衡效果如图 7-66 所示。

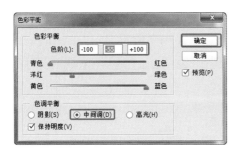

图 7-63　设置中间调

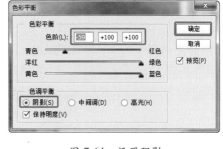

图 7-64　设置阴影

图 7-65　设置高光

图 7-66　色彩平衡效果

7.5 制作石材质感贴图

下面介绍几种常用的石材质感贴图的制作。

7.5.1 制作岩石质感贴图

在自然界中，岩石大都有比较生硬且不规则的凹凸效果，给人一种硬硬的感觉。它和砂岩是有一定区别的，砂岩反光性不是很强，而岩石的反光性相对来说比砂岩要稍稍强些，效果如图 7-67 所示。

❶ 新建一个文件，设置"宽度"和"高度"均为 500 像素，设置"分辨率"为 72 像素 / 英寸，"颜色模式"为"RGB 颜色"，如图 7-68 所示。

图 7-67　岩石质感效果

图 7-68　新建文件

2 按 D 键，将前景色和背景色设置为默认状态。选择菜单栏中的"滤镜"|"渲染"|"云彩"命令，可以按 Ctrl+F 快捷键执行多次，图像效果如图 7-69 所示。

3 选择菜单栏中的"滤镜"|"滤镜库"命令，在弹出的滤镜库中选择"素描"|"基底凸现"，设置"细节"为 15、"平滑度"为 3，选择"光照"为"右上"，如图 7-70 所示。

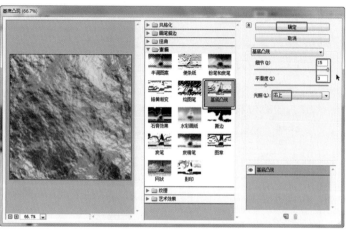

图 7-69　云彩效果　　　　　　　　　　图 7-70　设置基底凸现

4 选择菜单栏中的"图像"|"调整"|"色相/饱和度"命令，在弹出的"色相/饱和度"对话框中选中"着色"复选框，设置"色相"为 227、"饱和度"为 7、"明度"为 0，如图 7-71 所示。

5 设置色相/饱和度后的岩石效果如图 7-72 所示。

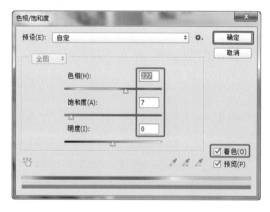

图 7-71　设置色相/饱和度　　　　　　图 7-72　设置后的岩石效果

7.5.2　制作砂岩质感贴图

观察自然界中的各式各样的砂岩，会发现砂岩的反光性不是很强，但它的肌理感很强。因此，在制作砂岩质感的贴图时，最难的应该是如何表现砂岩表面的小凸起。如图 7-73 所示为砂岩质感贴图效果。

1 新建一个文件，设置"宽度"和"高度"均为 500 像素，设置"分辨率"为 72 像素/英寸，"颜色模式"为"RGB 颜色"，如图 7-74 所示。

图 7-73 砂岩质感效果

图 7-74 新建文件

2️⃣ 按 D 键，将前景色和背景色设置为默认状态。选择菜单栏中的"滤镜"|"渲染"|"云彩"命令，可以按 Ctrl+F 快捷键执行多次，图像效果如图 7-75 所示。

3️⃣ 选择菜单栏中的"滤镜"|"杂色"|"添加杂色"命令，在弹出的"添加杂色"对话框中设置各项参数如图 7-76 所示。

图 7-75 设置云彩

图 7-76 添加杂色

4️⃣ 打开"通道"面板，单击该面板底部的 🔲（创建新通道）按钮，新建一个"Alpha 1"通道，如图 7-77 所示。

5️⃣ 选择菜单栏中的"滤镜"|"渲染"|"分层云彩"命令，按 Ctrl+F 快捷键，直到得到满意的效果为止，如图 7-78 所示。

图 7-77 新建通道

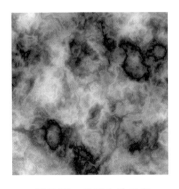

图 7-78 设置分层云彩

⑥ 选择菜单栏中的"滤镜"|"杂色"|"添加杂色"命令，弹出"添加杂色"对话框，设置"数量"为4，选择"分布"为"高斯分布"，如图7-79所示。

⑦ 隐藏 Alpha 1 通道，显示 RGB 通道，然后返回到"图层"面板，如图7-80所示。

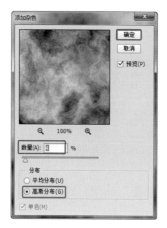

图 7-79　添加杂色

图 7-80　显示图层

⑧ 选择菜单栏中的"滤镜"|"渲染"|"光照效果"命令，在图像中创建光源后，并在弹出的"属性"面板中调整光源为"聚光灯"，设置"颜色"为土灰色，设置"强度"为100、"聚光"为63、"曝光度"为-6、"光泽"为100、"金属质感"为100、"环境"为19，选择"纹理"为 Alpha 1、"高度"为3，如图7-81所示。

⑨ 选择菜单栏中的"图像"|"调整"|"色彩平衡"命令，在弹出的"色彩平衡"对话框中设置"色阶"为+51、+27、+29，如图7-82所示。这样，砂岩质感贴图就制作完成了。

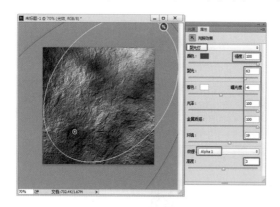

图 7-81　设置光照效果

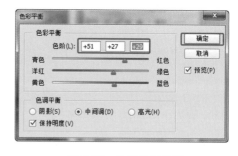

图 7-82　设置色彩平衡

7.5.3　制作大理石质感贴图

大理石色彩素雅沉稳，纹理线条自然流畅，给人以行云流水般的感觉。大理石的表面光滑，反光性较强，在室内外装饰设计中多数被应用在地面和墙面的装饰中。如图7-83所示为大理石质感贴图效果。

① 新建一个文件，设置"宽度"和"高度"均为500像素，设置"分辨率"为72像素/英寸，"颜色模式"为"RGB颜色"如图7-84所示。

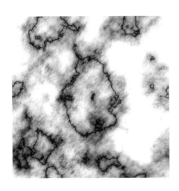

图 7-83　大理石质感效果

图 7-84　新建文件

2 设置前景色为白色、背景色为黑色。选择菜单栏中的"滤镜"|"渲染"|"分层云彩"命令，图像效果如图 7-85 所示。

3 在"图层"面板中将"背景"图层进行复制，生成"背景 拷贝"图层，使其位于"背景"图层的上方，按 Ctrl+F 快捷键执行多次，直到得到满意的效果为止，如图 7-86 所示。

图 7-85　分层云彩效果

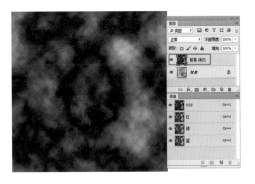

图 7-86　复制图层并设置分层云彩

4 选择菜单栏中的"图像"|"调整"|"色阶"命令，在弹出的"色阶"对话框中设置色阶为 0、1.88、105，如图 7-87 所示。

5 设置色阶后的图像效果如图 7-88 所示。

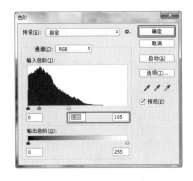

图 7-87　设置色阶

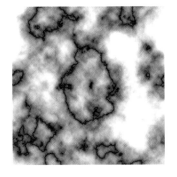

图 7-88　色阶效果

6 在"图层"面板中复制"背景"图层，并调整图层的位置，如图 7-89 所示。

7 选择菜单栏中的"滤镜"|"渲染"|"光照效果"命令，在图像中创建光源后，并在弹出的"属性"面板中设置光源为"聚光灯"，设置"强度"为 100、"聚光"为 63、"曝

光度"为–6、"光泽"为100、"金属质感"为100、"环境"为12，设置"纹理"为"红"、"高度"为13，如图7-90所示。

图 7-89 复制图层并调整位置

图 7-90 设置光照效果

⑧ 设置图层混合模式为"柔光"，如图7-91所示。

⑨ 单击"图层"面板底部的 ◎.（创建新的填充或调整图层）按钮，在弹出的下拉菜单中选择"色彩平衡"命令，接着弹出"属性"面板，选择"色调"为"中间调"，设置色彩平衡参数为+76、+53、+65，如图7-92所示。

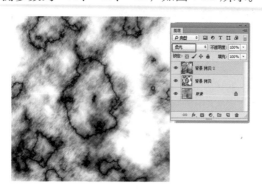

图 7-91 设置图层混合模式

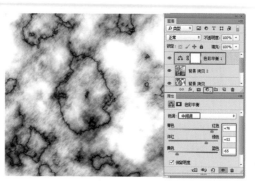

图 7-92 设置中间调

⑩ 选择"色调"为"阴影"，设置色彩平衡参数为+29、+23、+17，如图7-93所示。

⑪ 选择"色调"为"高光"，设置色彩平衡参数为+47、+46、+27，如图7-94所示。

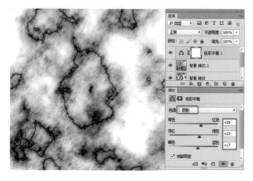

图 7-93 设置阴影

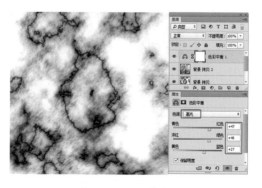

图 7-94 设置高光

7.6 制作草地贴图

草地贴图主要应用于地面草地的设置。下面将介绍使用 Photoshop 制作草地贴图，效果如图 7-95 所示。

❶ 首先新建一个文件，设置"宽度"和"高度"均为 500 像素，设置"分辨率"为 72 像素／英寸，"颜色模式"为"RGB 颜色"，如图 7-96 所示。

❷ 新建文件后，在"图层"面板中新建"图层 1"图层，如图 7-97 所示。

❸ 设置前景色的 RGB 颜色为 0、95、7，如图 7-98 所示。

图 7-95　草地效果

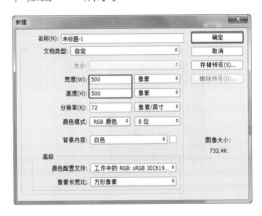

图 7-96　新建文件

图 7-97　新建图层

图 7-98　设置前景色

❹ 按 Alt+Delete 快捷键，填充图层为前景色，效果如图 7-99 所示。

❺ 选择菜单栏中的"滤镜"|"渲染"|"纤维"命令，在弹出的"纤维"对话框中设置"差异"为 25、"强度"为 22，如图 7-100 所示。

❻ 选择菜单栏中的"滤镜"|"风格化"|"风"命令，在弹出的"风"对话框中选择"方法"为"飓风"，选择"方向"为"从右"，如图 7-101 所示。

❼ 选择菜单栏中的"图像"|"图像旋转"|"90 度 (顺时针)"命令，将图像进行顺时针 90°旋转，效果如图 7-102 所示。

❽ 按 Ctrl+T 快捷键，打开自由变换控制框，右击，在弹出的快捷菜单中选择"透视"命令，调整图像，如图 7-103 所示。

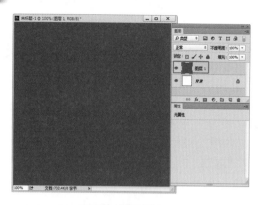

图 7-99　填充前景色

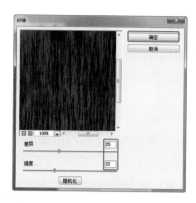

图 7-100　设置纤维

图 7-101　设置风效果

图 7-102　旋转图像

❾ 裁剪自己认为最好的画面，得到的效果如图 7-104 所示。

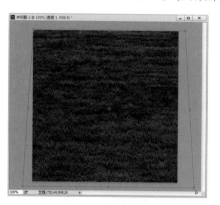

图 7-103　设置图像变形

图 7-104　裁剪出草地效果

7.7　小结

　　本章通过几个贴图实例的制作，从中学会如何制作三维软件中的无缝贴图以及各种常用的金属、木纹、布纹、石材、草地等贴图。通过对本章的学习，读者需要掌握如何使用各种滤镜和工具来制作出各种常用的贴图。

第8章

效果图的艺术特效

本章介绍效果图的一些特殊效果的制作，例如，如何将效果图制作成水彩画效果、油画效果、素描效果、水墨画效果、旧电视效果以及雨景、云雾、晕影等特殊效果，这些效果图可以作为宣传册的艺术画面用来宣传。

课堂学习目标

- 制作水彩画效果
- 制作油画效果
- 制作素描效果
- 制作水墨画效果
- 制作旧电视效果
- 制作雨景效果
- 制作云雾效果
- 制作晕影效果

8.1 水彩画效果

本节介绍如何将一幅客厅效果图制作成水彩画效果，如图 8-1 所示。

1 首先选择随书附带光盘中的"素材文件\第 8 章\水彩效果 o.tif"文件，打开的图像如图 8-2 所示。

图 8-1 水彩画效果

图 8-2 客厅效果

2 打开图像后，按 Ctrl+J 快捷键，复制图像到"图层 1"图层中，如图 8-3 所示。

3 选中"图层 1"图层，接着选择菜单栏中的"图像"|"调整"|"去色"命令，效果如图 8-4 所示。

图 8-3 复制图像到新图层

图 8-4 去色调整图像

4 继续按 Ctrl+J 快捷键，复制黑白图像到新的"图层 1 拷贝"图层中，如图 8-5 所示。

5 选择菜单栏中的"图像"|"调整"|"反相"命令，效果如图 8-6 所示。

图 8-5 复制图像到新图层

图 8-6 反相设置图像

6 设置反相后的图像所在图层混合模式为"颜色减淡"，如图 8-7 所示。

7 选择菜单栏中的"滤镜"|"其他"|"最小值"命令，在弹出的"最小值"对话框中

设置"半径"为 1 像素，单击"确定"按钮，如图 8-8 所示。

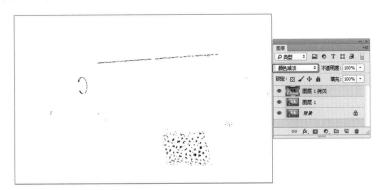

图 8-7　设置图层混合模式　　　　　　　　图 8-8　设置最小值

⑧ 设置图像最小值后的效果如图 8-9 所示。

⑨ 按 Ctrl+Alt+Shift+E 快捷键，盖印图像到新的"图层 2"图层中，如图 8-10 所示。

图 8-9　最小值效果　　　　　　　　　图 8-10　盖印图像到新的图层

⑩ 按 Ctrl+J 快捷键，将盖印的图层复制到新的"图层 2 拷贝"图层中，如图 8-11 所示。

⑪ 选择复制出的图像，接着选择菜单栏中的"滤镜"|"模糊"|"高斯模糊"命令，在弹出的"高斯模糊"对话框中设置"半径"为 5 像素，如图 8-12 所示。

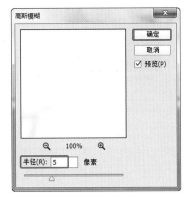

图 8-11　复制图像到新图层　　　　　　图 8-12　设置高斯模糊

⑫ 设置模糊后的图层混合模式为"线性加深"，如图 8-13 所示。

图 8-13　设置图层混合模式

⑬ 在"图层"面板中选择"背景"图层，按 Ctrl+J 快捷键，复制图层到顶部，设置"背景 拷贝"图层混合模式为"颜色"，如图 8-14 所示。

⑭ 单击"图层"面板中的 □ (创建新图层) 按钮，新建"图层 3"图层，如图 8-15 所示。

图 8-14　复制并设置图层属性

图 8-15　新建图层

⑮ 在工具箱中单击前景色图标，在弹出的"拾色器 (前景色)"对话框中设置 RGB 颜色为 255、236、209，如图 8-16 所示。

⑯ 按 Alt+Delete 快捷键，将新建的图层填充为前景色，如图 8-17 所示。

图 8-16　设置前景色

图 8-17　填充新图层

⑰ 设置填充图层混合模式为"线性加深"，如图 8-18 所示。

⑱ 为"背景 拷贝"图层施加一个黑色遮罩层，如图 8-19 所示。

⑲ 选择工具箱中的 ✎ (画笔工具)，设置画笔类型为水彩画笔，擦出白色的区域，如图 8-20 所示。

⑳ 按 Ctrl+Alt+Shift+E 快捷键，盖印图像到新的"图层 4"图层，并放置在顶部，如图 8-21 所示。

图 8-18　设置图层混合模式

图 8-19　设置黑色遮罩层

图 8-20　擦出白色的遮罩区域

图 8-21　盖印图层

㉑ 选择菜单栏中的"滤镜"|"滤镜库"命令，在弹出的滤镜库中选择"素描"|"水彩图纸"，设置"纤维长度"为3、"亮度"为59、"对比度"为73，如图 8-22 所示。

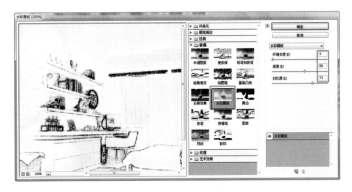

图 8-22　设置水彩图纸

㉒ 设置"图层 4"图层混合模式为"正片叠底",设置"不透明度"为 70%,如图 8-23 所示。

图 8-23 设置图层属性

8.2 油画效果

本节介绍如何将效果图制作成油画效果,如图 8-24 所示。

① 选择随书附带光盘中的"素材文件\第 8 章\油画效果 o.tif"文件,打开的图像如图 8-25 所示。

图 8-24 油画效果　　　　图 8-25 素材图像

② 按两次 Ctrl+J 快捷键,复制出"图层 1"和"图层 1 拷贝"图层,如图 8-26 所示。

③ 隐藏"图层 1 拷贝"图层,选中"图层 1"图层,接着选择菜单栏中的"滤镜"|"滤镜库"命令,在弹出的滤镜库中选择"艺术效果"|"木刻",设置"色阶数"为 4、"边缘简化度"为 4、"边缘逼真度"为 2,如图 8-27 所示。

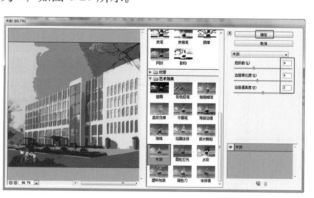

图 8-26 复制图层　　　　图 8-27 设置木刻

④ 设置"图层 1"图层混合模式为"强光",如图 8-28 所示。

图 8-28　设置图层混合模式

⑤ 显示并选中"图层 1 拷贝"图层,接着选择菜单栏中的"滤镜"|"杂色"|"中间值"命令,在弹出的"中间值"对话框中设置"半径"为 4 像素,如图 8-29 所示。

⑥ 设置中间值后的效果如图 8-30 所示。

图 8-29　设置中间值　　　　　　　　　　图 8-30　中间值效果

⑦ 选择菜单栏中的"滤镜"|"滤镜库"命令,在弹出的滤镜库中选择"画笔描边"|"深色线条",设置"平衡"为 3、"黑色强度"为 1、"白色强度"为 3,如图 8-31 所示。

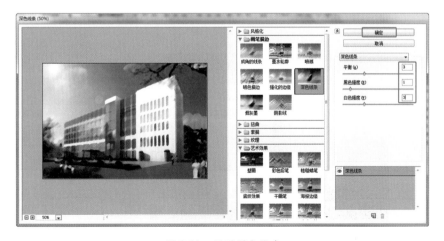

图 8-31　设置深色线条

⑧ 设置图层混合模式为"滤色",设置"不透明度"为40%,如图8-32所示。

⑨ 按Ctrl+Alt+Shift+E快捷键,盖印图像到新的"图层2"图层中,如图8-33所示。

图 8-32　设置图层属性

图 8-33　盖印图层

⑩ 盖印图层后,选择菜单栏中的"滤镜"|"锐化"|"USM锐化"命令,在弹出的"USM锐化"对话框中设置"数量"为61%、"半径"为0.5像素、"阈值"为0色阶,如图8-34所示。

⑪ 按Ctrl+J快捷键,复制"图层2"图层为"图层2拷贝"图层,如图8-35所示。

图 8-34　设置 USM 锐化

图 8-35　复制图层

⑫ 设置图层混合模式为"柔光",设置"不透明度"为50%,如图8-36所示,这样,油画效果就制作完成了。

图 8-36　设置图层属性

8.3 素描效果

本节介绍如何将效果图制作成素描效果，如图 8-37 所示。

① 选择随书附带光盘中的"素材文件\第8章\大堂 o.tif"文件，打开的图像如图 8-38 所示。

图 8-37　素描效果　　　　　　　　　　　图 8-38　素材图像

② 选择菜单栏中的"图像"|"调整"|"去色"命令，对图像进行去色。然后按 Ctrl+J 快捷键，复制图像到新的"图层 1"图层中，如图 8-39 所示。

③ 继续按 Ctrl+J 快捷键，将"图层 1"图层中的图像复制到"图层 1 拷贝"图层中，接着按 Ctrl+I 快捷键，设置图像的反相，如图 8-40 所示。

图 8-39　复制图像到新的图层　　　　　　图 8-40　复制并反相设置图像

④ 设置"图层 1 拷贝"图层混合模式为"颜色减淡"，如图 8-41 所示。

⑤ 选择菜单栏中的"滤镜"|"其他"|"最小值"命令，在弹出的"最小值"对话框中设置"半径"为 2 像素，单击"确定"按钮，如图 8-42 所示。

⑥ 设置最小值后的效果如图 8-43 所示。

⑦ 按 Ctrl+Alt+Shift+E 快捷键，盖印图像到"图层 2"图层中，如图 8-44 所示。

⑧ 选择菜单栏中的"滤镜"|"模糊"|"高斯模糊"命令，在弹出的"高斯模糊"对话框中设置"半径"为 5 像素，单击"确定"按钮，如图 8-45 所示。

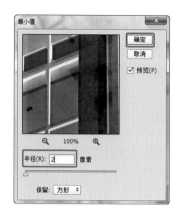

图 8-41　设置图层属性　　　　　图 8-42　设置最小值

图 8-43　最小值效果　　　图 8-44　盖印图像到新图层　　　图 8-45　设置模糊参数

⑨ 选择菜单栏中"滤镜"|"滤镜库"命令，在弹出的滤镜库中选择"画笔描边"|"喷色描边"，设置"描边长度"为19、"喷色半径"为15，如图8-46所示。

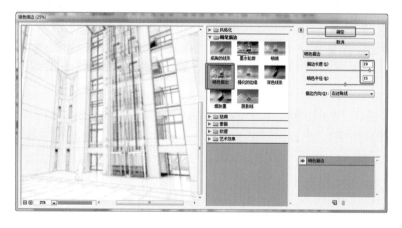

图 8-46　设置喷色描边

⑩ 设置"图层 2"图层混合模式为"线性加深",设置"不透明度"为 50%,如图 8-47 所示。

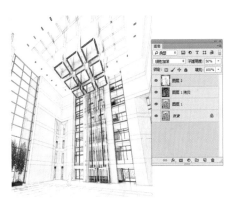

图 8-47　设置图层属性

8.4　水墨画效果

本节介绍如何将效果图制作成水墨画效果,如图 8-48 所示。

① 选择随书附带光盘中的"素材文件 \ 第 8 章 \ 水墨画 o.tif"文件,打开的图像如图 8-49 所示。

图 8-48　水墨画效果

图 8-49　素材图像

② 按 Ctrl+J 快捷键,复制图像到新的"图层 1"图层中,如图 8-50 所示。

③ 选择菜单栏中的"滤镜"|"风格化"|"查找边缘"命令,查找边缘效果如图 8-51 所示。

图 8-50　复制图层

图 8-51　查找边缘效果

④ 选择菜单栏中的"图像"|"调整"|"去色"命令，设置图像的黑白效果，如图8-52所示。

⑤ 按 Ctrl+L 快捷键，在弹出的"色阶"对话框中设置色阶参数为136、1.00、255，如图8-53所示。调整色阶后的效果如图8-54所示。

图 8-52　设置图像的去色　　　　　　　　图 8-53　设置图像的色阶

⑥ 设置图层混合模式为"叠加"，设置"不透明度"为80%，如图8-55所示。

图 8-54　调整色阶后的效果　　　　　　　　图 8-55　设置图层属性

⑦ 选中"图层1"图层，按 Ctrl+J 快捷键，复制图像到新的"图层1拷贝"图层中，如图8-56所示。

⑧ 选择菜单栏中的"滤镜"|"模糊"|"方框模糊"命令，在弹出的"方框模糊"对话框中设置"半径"为15像素，如图8-57所示。

图 8-56　复制图像到新的图层　　　　　　　　图 8-57　设置方框模糊

⑨ 设置图像方框模糊后的效果如图 8-58 所示。

⑩ 在"图层"面板中选择"背景"图层，按 Ctrl+J 快捷键，复制图像到新的"背景 拷贝"图层中，如图 8-59 所示。

图 8-58 设置模糊后的效果　　　　　　　　　　图 8-59 复制图层

⑪ 选择菜单栏中的"滤镜"|"滤镜库"命令，在弹出的滤镜库中选择"画笔描边"|"喷溅"，设置"喷色半径"为 10、"平滑度"为 5，如图 8-60 所示。

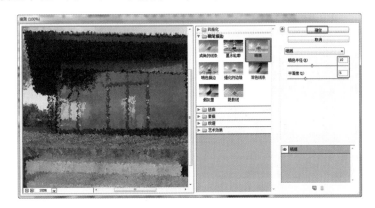

图 8-60 设置喷溅

⑫ 设置喷溅滤镜后的效果如图 8-61 所示。

图 8-61 设置喷溅后的效果

⑬ 按 Ctrl+U 快捷键，在弹出的"色相/饱和度"对话框中设置"饱和度"为 –94，如图 8-62 所示。

⑭ 设置图像饱和度后的效果如图 8-63 所示。

图 8-62　设置饱和度

图 8-63　图像饱和度效果

8.5　旧电视效果

本节介绍如何将效果图制作成旧电视效果，如图 8-64 所示。

① 选择随书附带光盘中的"素材文件 \ 第 8 章 \ 旧电视 o.tif"文件，打开的图像如图 8-65 所示。

图 8-64　旧电视效果

图 8-65　素材图像

② 按 Ctrl+J 快捷键，复制图像到新的"图层 1"图层中，如图 8-66 所示。

③ 按 Ctrl+U 快捷键，在弹出的"色相/饱和度"对话框中设置"饱和度"为 –53，单击"确定"按钮，如图 8-67 所示。

图 8-66　复制图像到新图层

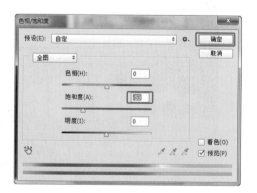

图 8-67　设置饱和度

④ 设置饱和度后的效果如图 8-68 所示。

⑤ 选择菜单栏中的"滤镜"|"杂色"|"添加杂色"命令，在弹出的"添加杂色"对话框中设置"数量"为 6%，选择"分布"为"高斯分布"，选中"单色"复选框，如图 8-69 所示。

图 8-68　饱和度效果　　　　　　　　　　图 8-69　设置添加杂色

⑥ 选择工具箱中的 ⫿ (单列选框工具)，按住 Shift 键在效果图中单击创建单列选框区域。然后在"图层"面板中新建"图层 2"图层，并填充选区为黑色，如图 8-70 所示。

图 8-70　创建并填充选区为黑色

⑦ 制作出的旧电视效果如图 8-71 所示。

图 8-71　制作出的旧电视效果

8.6 雨景效果

本节介绍如何将效果图制作成雨景效果，如图 8-72 所示。

①选择随书附带光盘中的"素材文件\第8章\雨景 o.tif"文件，打开的图像如图 8-73 所示。

图 8-72　雨景效果　　　　　　　　　　图 8-73　素材图像

②按 Ctrl+J 快捷键，复制图像到新的"图层 1"图层中，如图 8-74 所示。

③选择菜单栏中的"滤镜"|"杂色"|"添加杂色"命令，在弹出的"添加杂色"对话框中设置"数量"为 29.55%，选择"分布"为"高斯分布"，选中"单色"复选框，如图 8-75 所示。

④选择菜单栏中的"滤镜"|"模糊"|"动感模糊"命令，在弹出的"动感模糊"对话框中设置"角度"为 70 度，设置"距离"为 50 像素，如图 8-76 所示。

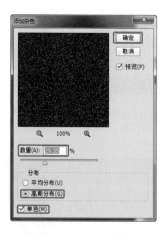
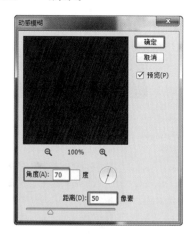

图 8-74　复制图像到新图层　　图 8-75　设置添加杂色　　　图 8-76　设置动感模糊

⑤设置完添加杂色和动感模糊后的效果如图 8-77 所示。

⑥设置"图层 1"图层混合模式为"滤色"，如图 8-78 所示。

⑦按 Ctrl+L 快捷键，在弹出的"色阶"对话框中设置色阶的参数为 28、0.69、80，如图 8-79 所示。

⑧调整后的下雨效果如图 8-80 所示。

图 8-77　设置滤镜后的效果

图 8-78　设置图层属性

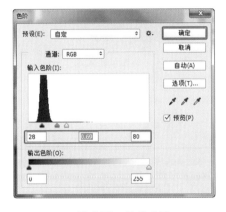

图 8-79　设置色阶

图 8-80　调整后的下雨效果

8.7　云雾效果

本节介绍如何为效果图添加云雾效果，如图 8-81 所示。

① 选择随书附带光盘中的"素材文件 \ 第 8 章 \ 云雾效果 o.tif"文件，打开的图像如图 8-82 所示。

图 8-81　云雾效果

图 8-82　素材图像

② 单击"图层"面板底部的 🔲（创建新图层）按钮，新建一个"图层 1"图层。按 D 键，恢复到前景色和背景色的默认状态，再按 Alt+Delete 快捷键，填充"图层 1"图层为黑色，

如图 8-83 所示。

③ 选择菜单栏中的"滤镜"|"渲染"|"云彩"命令，多按几次 Ctrl+F 快捷键，直到得到满意的云彩效果为止，如图 8-84 所示。

图 8-83　新建图层并填充为黑色

图 8-84　设置云彩效果

④ 按 Ctrl+T 快捷键，打开自由变换控制框，调整图像的形状。然后设置图层混合模式为"滤色"，如图 8-85 所示。

⑤ 为"图层 1"图层施加蒙版，并为蒙版填充白色到黑色的渐变色，如图 8-86 所示。

图 8-85　调整云彩的效果

图 8-86　设置云彩的遮罩

8.8　晕影效果

本节将介绍如何为效果图制作晕影效果，如图 8-87 所示。

① 选择随书附带光盘中的"素材文件\第 8 章\晕影 o.tif"文件，打开的图像如图 8-88 所示。

② 单击"图层"面板底部的 ▣（创建新图层）按钮，新建一个"图层 1"图层。选择在工具箱中的 ▣（渐变工具），在工具选项栏中单击 ▣（径向渐变）按钮，在效果图中新的图层上填充渐变，如图 8-89 所示。

③ 设置图层混合模式为"滤色"，如图 8-90 所示。

④ 按 Ctrl+T 快捷键，打开自由变换控制框，调整渐变图像的大小，如图 8-91 所示。

⑤ 按 Ctrl+U 快捷键，在弹出的"色相 / 饱和度"对话框中选中"着色"复选框，设置"色相"为 218、"饱和度"为 25，单击"确定"按钮，如图 8-92 所示。

图 8-87　晕影效果

图 8-88　素材图像

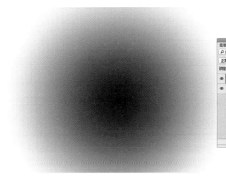

图 8-89　填充渐变

图 8-90　设置图层混合模式

图 8-91　调整渐变图像的大小

图 8-92　设置色相 / 饱和度

(6) 设置色相/饱和度后的效果如图 8-93 所示。

图 8-93　设置晕影的效果

8.9 小结

本章介绍了效果图中艺术特效的制作，通过对几个实例的学习，读者可以结合各种工具和命令，以及各种滤镜特效制作出自己需要的艺术效果图。

第9章

欧式客厅的后期处理

在本章中将汇总前面所学的知识对欧式客厅进行后期处理。

在不同的效果图中会遇到不同的问题，所以从本章开始将开启后期处理的实战之旅，将针对不同的问题提供不同的解决方法。

课堂学习目标

- 调整图像的整体效果
- 调整图像的局部效果
- 添加配景素材
- 添加光影效果
- 最终效果的处理

9.1 客厅效果图后期处理的构思

本章介绍如何对欧式客厅效果图进行后期处理。如图 9-1 所示为渲染效果图和后期处理效果的对比。

图 9-1　效果图的前后对比

在如图 9-1 所示的渲染图像进行分析，确定如何对该效果图进行后期处理。

首先该效果图较为灰暗、色彩不够突出、层次也不明显，对于这些问题，将对该效果图进行画面明暗的处理，调整材质本来的颜色，并通过局部的处理来突出各个模型之间的层次效果。最后，通过添加一些装饰素材 (如花卉、人物、配景等)，使得整个画面更加人性化、生动化。

最终需要注意的是，在后期处理的过程中必须重复性的一次次检查各个模型和效果，以免出现后期中的一些不必要的失误。

9.2 调整图像的整体效果

客厅整体效果的调整无非是调整一下整个场景的色阶、曲线和色彩平衡。

① 首先选择随书附带光盘中的"素材文件\第9章\B5客厅t.tga和B5客厅.tga"两个文件，如图 9-2 所示。

② 打开的"B5客厅.tga"文件如图 9-3 所示。下面将对该效果图进行后期处理。

图 9-2　选择文件　　　　　　　　　图 9-3　素材文件

③ 打开的"B5客厅t.tga"文件如图9-4所示。该颜色通道图像将用来对场景进行局部处理。

④ 按住 Shift 键，使用 ▶+ (移动工具) 将通道图像移动复制到"B5客厅.tga"效果图中。然后在"图层"面板中选择"背景"图层，按 Ctrl+J 快捷键，复制图像到新的"背景 拷贝"

图层中，如图 9-5 所示。

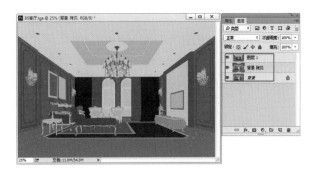

图 9-4　颜色通道图像　　　　　　　　　　　图 9-5　复制图层

提　示

在将图像调入另一个场景中时，按住 Shift 键拖动，可以将调入的图像居中放置。但前提条件是这两个图像的尺寸必须完全一致，否则调入的图像将不会与被调入图像的场景完全对齐。

提　示

在调整图像时，暂时用不到颜色通道图像可以将其隐藏，方便调整效果图。在后面的处理中可以随时将不需要的图像进行隐藏。

⑤ 按 Ctrl+L 快捷键，在弹出的"色阶"对话框中设置色阶的灰度和亮度参数，如图 9-6 所示。

⑥ 按 Ctrl+M 快捷键，"曲线"对话框中调整曲线的形状，也可以设置"输出"和"输入"参数，如图 9-7 所示。

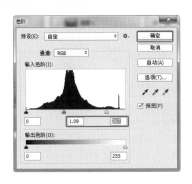

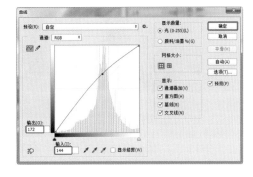

图 9-6　设置色阶　　　　　　　　　　　图 9-7　调整曲线

⑦ 调整的图像效果前后对比如图 9-8 所示。

⑧ 在"图层"面板中选择调整后的"背景 拷贝"图层，按 Ctrl+J 快捷键，复制为"背景 拷贝 2"图层，并设置该图层混合模式为"柔光"，设置"不透明度"为 50%，如图 9-9 所示。这样，图像的色彩更加的鲜艳，层次也较为丰富起来。

图 9-8　调整图像的对比

图 9-9　设置图层属性

⑨ 按 Ctrl+Alt+Shift+E 快捷键，盖印图像到新的"背景 拷贝 2(合并)"图层中，并调整图层到颜色通道图层的下方，如图 9-10 所示。

图 9-10　盖印并调整图层

9.3 调整图像的局部效果

调整好整体的图像后，接下来将调整局部区域，使效果图具有层次感。

① 显示颜色通道图层，选择工具箱中的 ✎ (魔棒工具)，在工具选项栏中取消选中"连续"复选框，在场景中选择墙体的白色乳胶漆颜色通道，如图 9-11 所示。

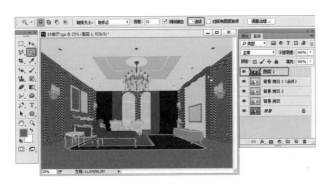

图 9-11 选择白色乳胶漆颜色

② 隐藏颜色通道图层，选择"背景 拷贝 2(合并)"图层，确定选区处于选择状态，按 Ctrl+J 快捷键，将选区的图像复制到新的图层中，如图 9-12 所示。

图 9-12 复制选区到新的图层中

提 示

　　将图像复制到新的图层中是为了不在原图上进行修改，以免最终效果不理想，可以直接删除其效果，重新进行调整。

③ 选择复制到新图层中的乳胶漆图像，按 Ctrl+L 快捷键，在弹出的"色阶"对话框中设置色阶参数，灰度色阶为 0.91、亮度色阶为 245，单击"确定"按钮，如图 9-13 所示。
④ 调整后的图像效果如图 9-14 所示。

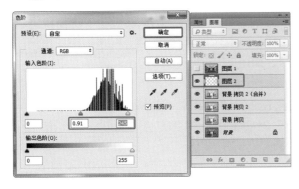

图 9-13 调整色阶

图 9-14 调整色阶后的效果

⑤ 显示颜色通道图层,选择工具箱中的 ✎(魔棒工具),在场景中选择墙体凹凸墙纸颜色,如图 9-15 所示。

图 9-15　选择墙体凹凸墙纸

⑥ 隐藏颜色通道图层,选中"背景 拷贝 2(合并)"图层,确定选区处于选择状态,按 Ctrl+J 快捷键,将选区的图像复制到新的图层中;再按 Ctrl+L 快捷键,在弹出的"色阶"对话框中设置灰度色阶为 0.72、亮度色阶为 233,如图 9-16 所示。

⑦ 调整后的图像效果如图 9-17 所示。

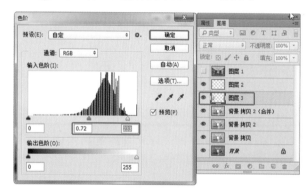

图 9-16　调整色阶　　　　　　　　　　　图 9-17　调整色阶后的效果

⑧ 显示颜色通道图层,选择工具箱中的 ✎(魔棒工具),在场景中选择顶部的灰色颜色通道,如图 9-18 所示。

⑨ 隐藏颜色通道图层,选中"背景 拷贝 2(合并)"图层,确定选区处于选择状态,按 Ctrl+J 快捷键,将选区的图像复制到新的图层中;再按 Ctrl+L 快捷键,在弹出的"色阶"对话框中设置灰度色阶为 1.08、亮度色阶为 235,如图 9-19 所示。

⑩ 调整后的图像效果如图 9-20 所示。

⑪ 按 Ctrl+Alt+Shift+E 快捷键,盖印图像到新的"图层 5"图层中,如图 9-21 所示。

⑫ 按 Ctrl+L 快捷键,在弹出的"色阶"对话框中设置灰度色阶为 0.68、亮度色阶为 255,如图 9-22 所示。

⑬ 调整色阶后的图像效果如图 9-23 所示。

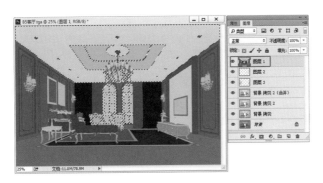

图 9-18　选择顶部颜色

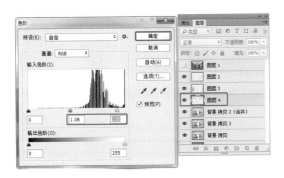

图 9-19　调整色阶

图 9-20　调整色阶后的效果

图 9-21　盖印图像

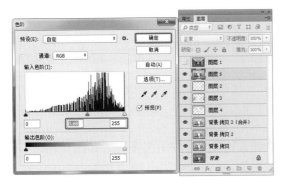

图 9-22　调整色阶

图 9-23　调整色阶后的效果

9.4 添加配景素材

接下来将为场景中的茶几添加配景素材。

1 选择随书附带光盘中的"素材文件\第9章\装饰.psd"文件,打开的图像如图9-24所示。

2 使用工具箱中的 ▶ (移动工具)将装饰图像拖曳到客厅效果图中,如图9-25所示。

图 9-24　素材文件　　　　　　　　图 9-25　拖曳素材到效果图中

3 按Ctrl+T快捷键,选择"自由变换"命令,在装饰素材周围出现自由变换控制框,按住Shift键,在左上下、右上下随便一个控制点上拖动即可缩放素材,如图9-26所示。缩放到合适的大小后,按Enter键确定即可。

图 9-26　调整素材的大小

9.5 添加光影效果

下面将通过为筒灯添加光晕文件,制作出筒灯的光效,并通过复制和调整大小制作出客厅筒灯的光效。

1 选择随书附带光盘中的"素材文件\第9章\光晕.psd"文件,打开的图像如图9-27所示。

2 使用工具箱中的 ▶ (移动工具)将光晕图像拖曳到客厅效果图中,如图9-28所示。

3 按住Alt键,在场景中移动复制光晕,并使用"自由变换"命令调整素材的大小,如图9-29所示。

图 9-27　素材图像　　　　　　　　图 9-28　添加光晕

图 9-29　复制光晕并调整大小

9.6 调整最终效果

最终检查一下效果图，可以看到窗帘处的拱形窗户已经曝光到看不清楚了。接下来将在拱形窗户处创建选取并填充颜色，然后设置填充的不透明度，最后进行裁剪即可。

❶ 显示颜色通道图层，使用　（魔棒工具）在场景中选择拱形窗户的窗框颜色，然后到工具选项区中选中"连续"复选框，如图 9-30 所示。

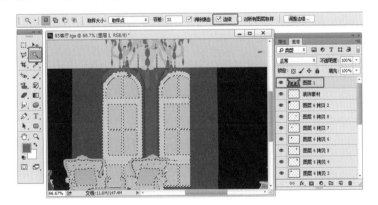

图 9-30　选择窗框颜色

❷ 选择工具箱中的　（多边形套索工具），按住 Alt 键，减选沙发区域。设置背景色为浅蓝色，在"图层"面板中新建一个图层，确定选区仍处于选择状态，按 Ctrl+Delete 快捷键，

填充选区为背景色。接着设置该图层的"不透明度"为 20%,如图 9-31 所示。

图 9-31 设置图层的不透明度

③ 最后使用 ⛏ (裁剪工具)裁剪一下图像即可,如图 9-32 所示。

图 9-32 裁剪图像

9.7 小结

本章介绍了欧式客厅的后期处理技巧和方法。通过对本章的学习,希望读者能够对欧式客厅及各种家装有一个系统的了解和认识。

第 10 章
酒店餐厅的后期处理

本章介绍酒店餐厅效果图的后期处理。酒店餐厅属于公装效果图，与家装的区别在于氛围的表现，家装需要表现的氛围大多以温馨舒适为主，而公装的表现在于富丽堂皇与功能全面为主。接下来将为读者介绍如何对一个公装效果图进行后期处理。

课堂学习目标

- 调整图像的整体效果
- 调整图像的局部效果
- 添加配景素材
- 最终效果的处理

10.1 酒店餐厅效果图后期处理的构思

本章介绍如何对酒店餐厅效果图进行后期处理。如图 10-1 所示为渲染效果图和后期处理效果的对比。

图 10-1　效果图的前后对比

公装效果图酒店餐厅作为一个敞开式的公共空间，应该给人一种恢弘、大气的气度以及宽敞、亮堂的感觉的装修，具有别具一格的特色。

在图 10-1 所示的渲染效果图中可以看到，图像比较灰暗，色彩不够艳丽突出、层次也不是很明显。对于这些问题，将对该效果图进行画面明暗的处理，调整材质本来的颜色，并通过局部的处理来突出各个模型之间的层次效果。最后，通过添加一些装饰素材（如餐具、盆栽等），使得整个画面更加明亮，而又温馨。

最终需要注意的是，在后期处理的过程中必须重复性的一次次检查各个模型和效果，以免出现后期中的一些不必要的失误。

10.2 调整图像的整体效果

调整图像的整体效果，主要是调整图像的亮度、对比度、色彩的颜色等。

1 首先选择随书附带光盘中的"素材文件 \ 第 10 章 \ 酒店餐厅 .tif 和线框颜色 .tif"两个文件，打开的酒店餐厅和线框颜色图像，如图 10-2 所示。下面将对效果图进行后期处理。

图 10-2　两个图像文件

2 按住 Shift 键，使用 （移动工具）将通道图像移动复制到"酒店餐厅 .tif"文件中，如图 10-3 所示。

3 在"图层"面板中选择"背景"图层，按 Ctrl+J 快捷键，复制图像到新的"背景 拷贝"图层中，将新图层放置到线框图的上方，如图 10-4 所示。

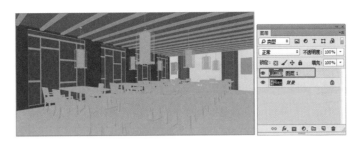

图 10-3　复制线框图到效果图中

图 10-4　复制背景图像

提　示

为了保护原始图像，便于修改，所以必须复制原效果图，并对复制出的效果图进行修改。

❹ 选择菜单栏中的"图像"|"调整"|"曝光度"命令，在弹出的"曝光度"对话框中设置"曝光度"为 –0.2、"灰度系数校正"为 1.25，单击"确定"按钮，如图 10-5 所示。

图 10-5　调整曝光度

使用"曝光度"命令可以调整 HDR 图像的色调，它可以是 8 位或 16 位图像，可以对曝光不足或曝光过度的图像进行调整。"曝光度"对话框中的各选项含义介绍如下。

● 曝光度：用来调整色调范围的高光端。该选项可对极限阴影产生轻微影响。

● 位移：用来使阴影和中间调变暗。该选项可对高光产生轻微影响。

● 灰度系数校正：用来设置高光与阴影之间的差异。

在"曝光度"对话框的右侧有 3 个吸管工具，分别表示"设置黑场"、"设置灰场"和"设置白场"。

Photoshop CC
效果图后期处理技法剖析

⑤ 选择菜单栏中的"图像"|"调整"|"自然饱和度"命令，在弹出的"自然饱和度"
对话框中设置"自然饱和度"为 +26、"饱和度"为 0，单击"确定"按钮，如图 10-6 所示。

图 10-6　调整自然饱和度

⑥ 选择菜单栏中的"图像"|"调整"|"亮度/对比度"命令，在弹出的"亮度/对比度"
对话框中设置"亮度"为 2、"对比度"为 14，并选中"使用旧版"复选框，单击"确定"
按钮，如图 10-7 所示。

图 10-7　调整亮度/对比度

10.3 调整图像的局部效果

调整完整体的效果图后，下面将对局部效果进行逐一的刻画，尽量使效果图更加富有层
次感。

① 隐藏"背景 拷贝"图层，选择线框颜色图层，并使用 （魔棒工具）在左侧作为墙
体的颜色上单击，创建选区，如图 10-8 所示。

图 10-8　选择墙体颜色

② 显示并选择"背景 拷贝"图层，如图 10-9 所示。

图 10-9　显示图层

③ 按 Ctrl+U 快捷键，在弹出的"色相 / 饱和度"对话框中设置"饱和度"为 –20，如图 10-10 所示。

④ 按 Ctrl+M 快捷键，在弹出的"曲线"对话框中调整曲线的形状，如图 10-11 所示。

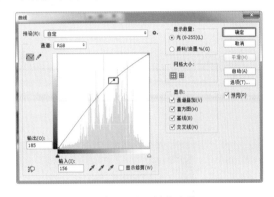

图 10-10　调整色相 / 饱和度　　　　　　　　图 10-11　调整曲线

⑤ 调整墙体后的效果如图 10-12 所示。

图 10-12　调整墙体后的效果

⑥ 隐藏"背景 拷贝"图层，选择线框颜色图层，并选择顶部柱子颜色区域，如图 10-13 所示。

⑦ 显示并选择"背景 拷贝"图层，按 Ctrl+M 快捷键，调整曲线的形状，如图 10-14 所示。

⑧ 调整柱子区域后的效果如图 10-15 所示。

⑨ 隐藏"背景 拷贝"图层，选择线框颜色图层，并选择桌椅和吊灯颜色区域，如图 10-16 所示。

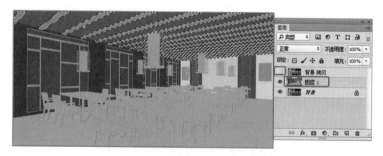

图 10-13　选择顶部柱子选区

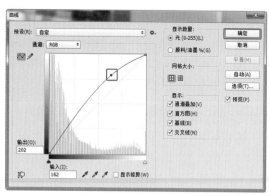

图 10-14　调整曲线

图 10-15　调整柱子区域后的效果

图 10-16　选择桌椅和吊灯区域

⑩ 选择工具箱中的 ◹.（多边形套索工具），按住 Alt 键，减选桌椅区域，只选择吊灯颜色区域，如图 10-17 所示。

图 10-17　选择吊灯区域

⑪ 显示并选择"背景 拷贝"图层，选择的吊灯区域如图 10-18 所示。

图 10-18　吊灯区域

⑫ 选择菜单栏中的"图像"|"调整"|"亮度／对比度"命令，在弹出的"亮度／对比度"对话框中设置"亮度"为 16、"对比度"为 26，选中"使用旧版"复选框，单击"确定"按钮。调整后的效果如图 10-19 所示。

图 10-19　调整后的吊灯效果

10.4 添加配景素材

接下来为酒后餐厅效果图添加装饰素材，通过添加装饰素材可以使读者掌握如何通过场景颜色来调整素材的色调，并掌握如何设置逐渐模糊不见的倒影，并掌握设置素材的影子；通过添加装饰素材，使图像更加生动。

① 首先选择随书附带光盘中的"素材文件\第10章\茶几摆件 .psd"文件，打开的图像如图 10-20 所示。

② 使用 ►◄（移动工具）将素材图像拖曳到效果图中，如图 10-21 所示。

图 10-20　素材图像　　　　　图 10-21　拖曳素材图像到效果图中

③ 单击"图层"面板底部的 ▢（创建新图层）按钮，新建一个"图层 3"图层，并将其拖放到"图层 2"图层的上方。按住 Ctrl 键，单击"图层 2"图层缩览图，将图层载入选区，如图 10-22 所示。

图 10-22　新建图层并创建选区

④ 选择工具箱中的 ▣（渐变工具），在工具选项栏中单击渐变色块，在弹出的"渐变编辑器"对话框中单击第一个色块，在效果图中拾取桌子的颜色；设置第二个色块的颜色为桌子面的高光颜色，并设置第二个色块的"不透明度"为 0%，如图 10-23 所示。

⑤ 选择新建的"图层 3"图层，并确定选区处于选择状态，填充花瓶区域，如图 10-24 所示。

图 10-23　设置渐变色　　　　　图 10-24　填充选区

⑥ 按 Ctrl+D 快捷键，将选区取消选择，并设置"图层 3"图层混合模式为"正片叠底"，设置"不透明度"为 70%，如图 10-25 所示。

⑦ 在"图层"面板中选择"图层 2"和"图层 3"图层，并将图层拖曳到 ▢（创建新图层）按钮上，复制两个图层的拷贝图层，如图 10-26 所示。

⑧ 确定当前图层为复制的"图层 2 拷贝"和"图层 3 拷贝"图层，按 Ctrl+E 快捷键，将两个图层合并为一个图层；按 Ctrl+T 快捷键，打开自由变换控制框，调整图像的角度，如图 10-27 所示。

根据效果图进行复制，需要制作桌面上摆放素材的倒影，而桌面的倒影会以磨砂的效果出现，且会渐变性的消失。接下来将介绍如何设置桌面倒影。

⑨ 调整图像的位置后，选择工具箱中的 ▽（多边形套索工具），创建如图 10-28 所示的选区。该选区作为设置倒影模糊的区域效果。

图 10-25　设置图层混合模式　　　　　　　图 10-26　复制图层

图 10-27　调整图像的角度

图 10-28　创建选区

⑩ 选择菜单栏中的"选择"|"修改"|"羽化"命令，在弹出的"羽化选区"对话框中设置"羽化半径"为 20 像素，单击"确定"按钮，如图 10-29 所示。

⑪ 选择菜单栏中的"滤镜"|"模糊"|"高斯模糊"命令，在弹出的"高斯模糊"对话框中设置"半径"为 5 像素，单击"确定"按钮，如图 10-30 所示。

图 10-29　设置选区的羽化　　　　　图 10-30　设置图像的模糊

⑫ 选择工具箱中的 ▽ (多边形套索工具)，在图像中创建桌面外的图像区域，并按
Delete 键，删除选区中的图像。然后设置"图层 3 拷贝"图层的"不透明度"为 50%，如
图 10-31 所示。

图 10-31　删除选区中的图像

⑬ 在"图层 2"图层的下方创建"图层 4"图层，选择工具箱中的 ○ (椭圆选框工具)，
创建椭圆选区，作为装饰素材的阴影。单击前景色，拾取桌面暗的区域，并按 Alt+Delete 快
捷键填充选区为前景色，如图 10-32 所示。

图 10-32　填充图像

⑭ 按 Ctrl+D 快捷键，取消选区的选择。选择菜单栏中的"滤镜"|"模糊"|"高斯模糊"
命令，在弹出的"高斯模糊"对话框中设置"半径"为 5.0 像素，单击"确定"按钮，如
图 10-33 所示。

⑮ 这样装饰素材就添加完成了，效果如图 10-34 所示。

图 10-33　设置模糊

图 10-34　添加后的装饰效果

⑯ 选择随书附带光盘中的"素材文件 \ 第 10 章 \ 餐具 .psd"文件，打开的图像如
图 10-35 所示。

⑰ 将素材图像拖曳到效果图中，按 Ctrl+T 快捷键，打开自由变换控制框，调整图像的

大小，并将其放置在适当的位置，如图 10-36 所示。

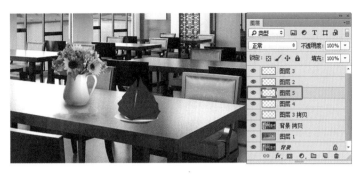

图 10-35　素材图像　　　　　　　　图 10-36　调整素材图像

⑱ 按 Ctrl+M 快捷键，在弹出的"曲线"对话框中调整曲线的形状，如图 10-37 所示。

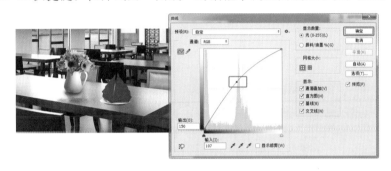

图 10-37　调整图像的曲线

⑲ 参考上面装饰素材的添加，设置餐具素材的倒影和阴影效果，如图 10-38 所示。

图 10-38　餐具的倒影和阴影

⑳ 复制餐具，并调整其大小及适当的位置，然后重新调整一下倒影，如图 10-39 所示。

图 10-39　复制并调整餐具

㉑ 复制多个餐具后，并调整它们的大小及适当的位置，如图 10-40 所示。

图 10-40　复制多个餐具

㉒ 在"图层"面板中选择所有的素材图层，并单击面板底部的 ▣（创建新组）按钮，将所选的图层都放置到一个图层组中，如图 10-41 所示。

㉓ 将组中的所有素材的倒影和阴影合并为一个图层，如图 10-42 所示。

图 10-41　创建组　　　　　　　　　　图 10-42　合并图层

㉔ 在效果图中复制素材图像，并对其进行调整，如图 10-43 所示。

图 10-43　复制并调整素材图像

㉕ 然后将素材图像复制到其他的每个桌子上，并调整其大小和适当的位置，如图 10-44 所示。

㉖ 选择随书附带光盘中的"素材文件 \ 第 5 章 \ 通道抠图 ok.psd"文件，打开的图像如图 10-45 所示。

图 10-44　复制并调整素材图像

㉗ 将素材图像拖曳到效果图中，然后按 Ctrl+T 快捷键，打开自由变换控制框，调整素材图像的大小，如图 10-46 所示。

图 10-45　素材图像

图 10-46　添加并调整素材图像

㉘ 复制素材图像所在的图层，并调整其角度，然后设置该图层的"不透明度"为50%，作为倒影效果，如图 10-47 所示。

图 10-47　设置素材图像的倒影

㉙ 选择素材图像的倒影图层，使用 ▭（矩形选框工具）创建如图 10-48 所示的选区。选择菜单栏中的"选择"|"修改"|"羽化"命令，在弹出的"羽化选区"对话框中设置"羽化半径"为 40 像素，单击"确定"按钮。

30 选择菜单栏中的"滤镜"|"模糊"|"高斯模糊"命令，在弹出的"高斯模糊"对话框中设置"半径"为18.2像素，如图10-49所示。

图10-48 设置图像羽化

图10-49 设置图像模糊

31 按Ctrl+D快捷键，将选区取消选择；按Ctrl+J快捷键，复制素材图像的倒影图层，调整其角度，如图10-50所示。

图10-50 复制图层并调整角度

32 按住Ctrl键，单击复制出的图层缩览图，将其图像载入选区，并填充图像为桌面颜色，如图10-51所示。

33 选择菜单栏中的"滤镜"|"模糊"|"高斯模糊"命令，在弹出的"高斯模糊"对话框中设置"半径"为1.2像素，单击"确定"按钮，如图10-52所示。

  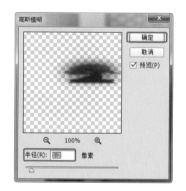

图10-51 填充图像

图10-52 设置图像模糊

34 继续调整影子的高度，如图 10-53 所示。

提 示

> 观察图 10-51 所示中的植物素材图像，可以看到植物的顶部有灯光，根据灯光的投射方向，该植物的影子应该是在最底部，并且很短的影子效果。

35 使用 ▣ (矩形选框工具)在底部的花盆位置创建矩形选区。选择菜单栏中的"选择"|"修改"|"羽化"命令，在弹出的"羽化选区"对话框中设置"羽化半径"为 20 像素，单击"确定"按钮，如图 10-54 所示。

图 10-53　调整影子的高度

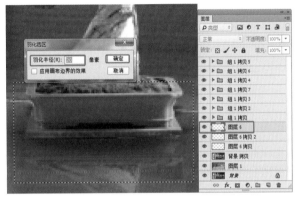

图 10-54　创建矩形选区

36 选择植物素材图像所在的图层，按 Ctrl+M 快捷键，调整曲线的形状，如图 10-55 所示。

37 选择菜单栏中的"图像"|"调整"|"色彩平衡"命令，在弹出的"色彩平衡"对话框中设置"色阶"为 +21、0、-15，如图 10-56 所示。

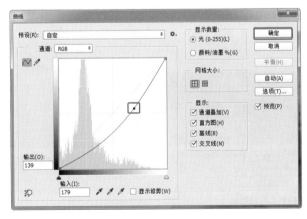

图 10-55　调整曲线

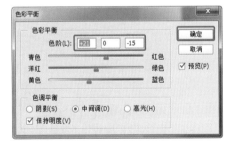

图 10-56　调整色彩平衡

38 调整后的植物效果如图 10-57 所示。

39 对植物素材图像进行复制，并将多余的植物区域删除，如图 10-58 所示。

图 10-57　调整的植物效果

图 10-58　复制并删除植物区域

10.5 调整最终效果

添加完成素材后，接下来将对该效果图进行一个整体效果的调整，其主要调整的是色调，并盖印图像，然后设置图层混合模式。

❶ 到"图层"面板最顶部的图层，然后单击面板底部的 ◎.（创建新的填充或调整图层）按钮，在弹出的下拉菜单中选择"色彩平衡"命令，在"属性"面板中选择"色调"为"中间调"，设置参数为 +15、0、−22，如图 10-59 所示。

图 10-59　设置色彩平衡

❷ 按 Ctrl+Alt+Shift+E 键，盖印图层到顶部新的图层中，如图 10-60 所示。

❸ 选择菜单栏中的"滤镜"|"模糊"|"高斯模糊"命令，在弹出的"高斯模糊"对话框中设置"半径"为 1.2 像素，如图 10-61 所示。

图 10-60　盖印图层　　　　　图 10-61　设置模糊

④ 设置模糊后图层混合模式为"柔光"，设置"不透明度"为 22%，如图 10-62 所示。

图 10-62　设置图层属性

10.6　小结

　　本章系统讲解了公装效果图酒店餐厅后期处理的方法和技巧。通过本章知识的学习，希望读者能够对该类公装空间的后期处理有了深入的认识和了解。希望读者能够在生活中多看、多想，提高自己的审美观，才能制作出更加漂亮的效果图。

第 11 章
景观一角效果图的后期处理

本章介绍景观一角效果图的后期处理。景观设计的效果图难点在于素材的摆放，这是一件复杂的工作。另外还需要有专业的美术功底以及懂得景观设计的效果图从业人员，因为素材在画面中的处理近实远虚及透视比例的素描关系，近纯远灰及色调的统一与对比的色彩关系，都必须拿捏到位。如果其中一点出问题就会导致效果图有问题，直接影响到设计的成功与否。

课堂学习目标

- 调整图像的整体效果
- 添加配景素材
- 最终效果的处理

11.1 景观一角效果图后期处理的构思

本章介绍如何对景观一角效果图进行后期处理。如图 11-1 所示为渲染效果图和后期处理效果的对比。

图 11-1　效果图的前后对比

景观是指风景和建筑的综合体，它也是自然和人工过程的结合体。景观是人所向往的自然，景观是人类的栖居地，景观是人造的工艺品。

在图 11-1 所示的渲染效果图中看到，效果图有很多的缺憾，将对该效果图进行画面明暗的处理，调整材质本来的颜色，并通过局部的处理来突出各个模型之间的层次效果，最后。通过添加一些植物素材，并设置植物的倒影和阴影效果来完成景观的后期效果。

11.2 调整图像的整体效果

调整图像的整体效果，主要是调整图像的亮度、对比度、色彩的颜色等。

① 首先选择随书附带光盘中的"素材文件 \ 第 11 章 \ 景观 .tga 和景观线框颜色 .tga"两个文件，打开的景观和颜色通道图像，如图 11-2 所示。下面将对效果图进行后期处理。

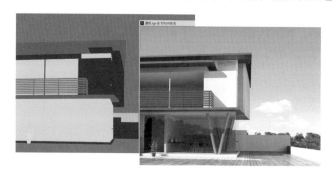

图 11-2　两个图像文件

② 按住 Shift 键，使用 （移动工具）将通道图像移动复制到"景观 .tga"文件中。然后在"图层"面板中选择"背景"图层，按 Ctrl+J 快捷键，复制图像到新的"背景 拷贝"图层中，将新图层放置到颜色通道图的上方，如图 11-3 所示。

③ 按 Ctrl+L 快捷键，在弹出的"色阶"对话框中调整色阶参数为 35、1.11、255，如图 11-4 所示。

图 11-3　复制背景图像

图 11-4　设置图像的色阶

11.3　添加配景素材

接下来将为景观一角效果图添加配景素材。通过设置装饰素材的倒影和阴影来完成素材的添加，使效果更加生动。

1 选择随书附带光盘中的"素材文件\第11章\树.tga"文件，打开的图像如图11-5所示。

2 选择菜单栏中的"选择"|"载入选区"命令，在弹出的"载入选区"对话框中使用默认参数，单击"确定"按钮，如图11-6所示。

图 11-5　素材图像

图 11-6　使用默认的载入选区

提 示

　　TGA 文件是带有通道的文件，而通过"载入选区"命令，即可将通道中的图像进行选取。所以，在后期处理中 TGA 是一个重要的文件，而这些重要的素材文件大多都是在三维软件或其他软件中渲染输出得来的。

③ 创建选区后，按 Ctrl+C 快捷键，复制选区中的图像，如图 11-7 所示。

④ 切换到"景观 .tga"文件中，按 Ctrl+V 快捷键，粘贴图像到效果图中；接着按 Ctrl+T 快捷键调整图像的大小，如图 11-8 所示。

图 11-7　创建选区　　　　　　　　　　图 11-8　粘贴并调整素材的大小

⑤ 选择素材图层，按 Ctrl+M 快捷键，在弹出的"曲线"对话框中调整曲线的形状，如图 11-9 所示。

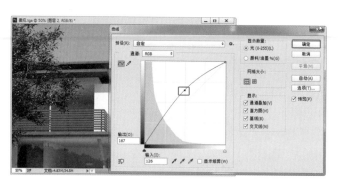

图 11-9　调整图像的曲线

⑥ 按住 Alt 键，使用 ▶️（移动工具），移动复制树素材，按 Ctrl+T 快捷键，调整其大小并放置合适的位置，如图 11-10 所示。

⑦ 选择随书附带光盘中的"素材文件\第 11 章\松树 .tga"文件，打开的图像如图 11-11 所示。

图 11-10　复制并调整素材的大小　　　　　　图 11-11　松树素材图像

⑧ 选择菜单栏中的"选择"|"载入选区"命令，在弹出的"载入选区"对话框中使用默认参数，单击"确定"按钮，即可将松树图像载入选区。创建选区后，按 Ctrl+C 快捷键，复制选区中的图像，如图 11-12 所示。

⑨ 切换到"景观 .tga"文件中，按 Ctrl+V 快捷键，粘贴图像到效果图中；接着按 Ctrl+T 快捷键调整图像的大小，如图 11-13 所示。

图 11-12　创建选区

图 11-13　粘贴并调整图像的大小

⑩ 将"图层 2"图层中的树素材进行复制，并调整其大小及放置合适的位置，如图 11-14 所示。

⑪ 隐藏调整的建筑图层，根据通道的颜色，删除覆盖墙体的树图像，如图 11-15 所示。

图 11-14　复制并调整图像

图 11-15　删除图像

⑫ 显示建筑图层后，可以看一下添加的植物效果如图 11-16 所示。

⑬ 在场景中选择左侧植物图层，复制植物图像作为"影子"图层，调整图像所在图层的位置，如图 11-17 所示。

图 11-16　图像效果

图 11-17　复制并调整图层

⑭ 选择"影子"图层中的图像，按 Ctrl+U 快捷键，在弹出的"色相/饱和度"对话框中设置"明度"为 –100，如图 11-18 所示。

图 11-18　调整色相/饱和度

⑮ 设置"影子"图层的"不透明度"为 30%，如图 11-19 所示。

图 11-19　设置图层的不透明度

⑯ 按 Ctrl+T 快捷键，打开自由变换控制框，在场景中调整图像的大小，如图 11-20 所示。
接着调整图像的角度，并使其扭曲，如图 11-21 所示。按 Enter 键确定调整。

图 11-20　调整图像大小

图 11-21　调整图像的角度和扭曲

⑰ 选择菜单栏中的"滤镜"|"模糊"|"高斯模糊"命令，在弹出的"高斯模糊"对
话框中设置"半径"为 4.4 像素，如图 11-22 所示。

图 11-22　设置图像模糊

⑱隐藏建筑图层，使用 ＼（魔棒工具）在场景中拾取建筑墙体颜色，创建选区，如图 11-23 所示。

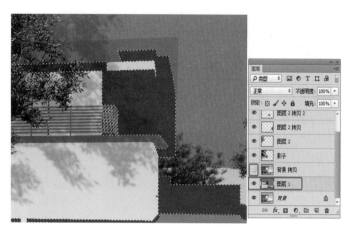

图 11-23　创建墙体选区

⑲ 创建选区后，显示建筑图层，选中"影子"图层，单击"图层"面板底部的 ■（添加图层蒙版）按钮，创建"影子"图层的蒙版效果，如图 11-24 所示。

图 11-24　创建蒙版效果

⑳ 选择墙上作为墙上影子的图层，按 Ctrl+U 快捷键，在弹出的"色相/饱和度"对话框中选中"着色"复选框，设置"色相"为 245、"饱和度"为 25、"明度"为 35，单击"确定"按钮，如图 11-25 所示。

图 11-25　设置色相/饱和度

㉑ 将"图层 2"图层的图像进行复制,变换图像的形状,如图 11-26 所示。

图 11-26　变换图像

㉒ 选择变形的图像,按 Ctrl+U 快捷键,在弹出的"色相 / 饱和度"对话框中调整"明度"为 –100,单击"确定"按钮,如图 11-27 所示。

图 11-27　设置图像的明度

㉓ 选择菜单栏中的"滤镜"|"模糊"|"高斯模糊"命令,在弹出的"高斯模糊"对话框中设置"半径"为 2 像素,单击"确定"按钮,如图 11-28 所示。

图 11-28　设置模糊效果

㉔ 隐藏建筑图层，使用 （魔棒工具）选择地面颜色，并再选择刚设置模糊后的图像所在的图层，设置图层混合模式为"明度"，设置"不透明度"为 30%，如图 11-29 所示。

㉕ 确定选区处于选择状态，按 Ctrl+J 快捷键，将选区中的图像复制到新的图层中，如图 11-30 所示。

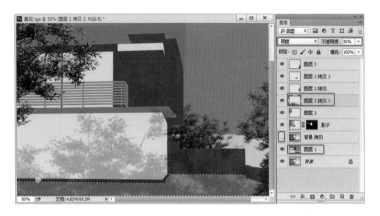

图 11-29　创建地面选区　　　　　　　图 11-30　复制图像到新图层

㉖ 隐藏建筑图层，显示颜色通道图层，使用 （魔棒工具）选择玻璃款色，创建如图 11-31 所示的选区。

图 11-31　创建选区

㉗ 将"图层 2 拷贝 3"图层中的选区内的图像进行删除，如图 11-32 所示。

㉘ 隐藏建筑图层，使用 （魔棒工具）在颜色通道图中选择墙体颜色，如图 11-33 所示。按 Ctrl+Shift+I 快捷键，将选区进行反选；按 Delete 键，将反选的图像删除。创建选区将左侧玻璃台阶处的影子留下，其他的都删除掉。

㉙ 将"图层 2 拷贝 3"图层命名为"台阶阴影"，"图层 4"图层命名为"地面倒影"，如图 11-34 所示。

㉚ 将"地面倒影"图层隐藏，选择复制的建筑图层，按住 Ctrl 键，单击"地面倒影"图层缩览图，将其载入选区，如图 11-35 所示。

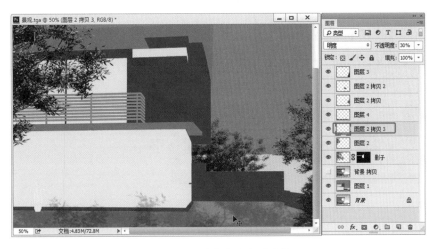

图 11-32　删除选区中的图像

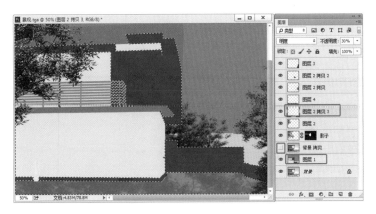

图 11-33　设置台阶影子

图 11-34　命名图层

图 11-35　载入图层选区

㉛ 创建地面的倒影选区后，确定当前图层为复制的建筑图层，按 Ctrl+L 快捷键，在弹出的"色阶"对话框中调整色阶参数为 7、0.54、255，单击"确定"按钮，如图 11-36 所示。

图 11-36　调整选区的色阶

32 显示地面倒影图层的效果如图 11-37 所示。

图 11-37　显示地面倒影

33 复制"图层 2"图层,调整复制出的植物素材图像的大小,该图层为玻璃的反射图层,如图 11-38 所示。

图 11-38　调整复制出的图像大小

34 降低复制出的植物素材图层的不透明度,隐藏建筑图层,并使用 （魔棒工具）在玻璃上创建选区,如图 11-39 所示。

图 11-39　创建玻璃选区

㉟ 为复制出的"玻璃反射"图层施加▣（添加图层蒙版）按钮，创建图层蒙版，设置图层混合模式为"正片叠底"，设置"不透明度"为 50%，如图 11-40 所示。

㊱ 选择作为墙面上影子的图层，将图层进行复制，将图层的遮罩图层拖曳到🗑（删除图层）按钮上，将遮罩图层删除，如图 11-41 所示。

图 11-40　设置图层蒙版　　　　　　　　　　图 11-41　删除蒙版

㊲ 在弹出的删除蒙版图层对话框中单击"删除"按钮，如图 11-42 所示。

㊳ 删除蒙版后，按 Ctrl+U 快捷键，在弹出的"色相 / 饱和度"对话框中设置"明度"为 -100，单击"确定"按钮，如图 11-43 所示。

图 11-42　删除蒙版　　　　　　　　图 11-43　调整色相 / 饱和度

③⑨ 隐藏建筑图层，使用 （魔棒工具）在栏杆颜色上创建选区，如图 11-44 所示。

图 11-44　创建选区

④⓪ 选择删除遮罩后的影子图层，单击"图层"面板底部的 （添加图层蒙版）按钮，创建选区蒙版，如图 11-45 所示。

图 11-45　创建图层蒙版

④① 复制出一部分的影子，将其进行调整作为右侧墙墩的影子，如图 11-46 所示。

图 11-46　制作墙墩的影子

④② 选择随书附带光盘中的"素材文件\第 11 章\藤.tga"文件，打开的图像如图 11-47 所示。

图 11-47　藤素材效果

43 将藤素材图像载入选区，并复制到效果图中。按Ctrl+T快捷键调整素材图像的大小，如图 11-48 所示。

图 11-48　调整素材图像的大小

44 双击藤素材图层，在弹出的"图层样式"对话框中选中"投影"选项，设置"不透明度"为 34%，设置"距离"为 1 像素、"扩展"为 0%、"大小"为 3 像素，单击"确定"按钮，如图 11-49 所示。

45 调整图层的投影效果，如图 11-50 所示。

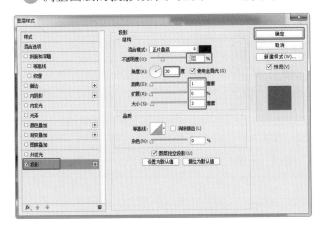

图 11-49　设置图层的投影　　　　图 11-50　设置投影后的效果

添加素材后检查素材的效果和投影，需要不断地调整和修改来达到满意的效果。

11.4 调整最终效果

添加完配景素材后，接下来将对效果进行整体效果调整，其主要调整的是色调，并盖印图像，然后设置图层混合模式。

①选择最顶部的图层，单击"图层"面板底部的 ⊘.（创建新的填充或调整图层）按钮，在弹出的下拉菜单中选择"色彩平衡"命令，在"属性"面板中选择"色调"为"中间调"，设置参数为 –6、–4、–9，如图 11-51 所示。

图 11-51　设置色彩平衡

②单击"图层"面板底部的 ⊘.（创建新的填充或调整图层）按钮，在弹出的下拉菜单中选择"自然饱和度"命令，在"属性"面板中设置"自然饱和度"为 –14、"饱和度"为 +11，如图 11-52 所示。

图 11-52　设置自然饱和度

③按 Ctrl+Alt+Shift+E 快捷键，盖印图层，如图 11-53 所示。

④选择菜单栏中的"滤镜"|"模糊"|"高斯模糊"命令，在弹出的"高斯模糊"对话框中设置"半径"为 2.0 像素，单击"确定"按钮，如图 11-54 所示。

⑤设置盖印图层混合模式为"柔光"，设置"不透明度"为 30%，如图 11-55 所示。

⑥选择工具箱中的 ◢.（橡皮擦工具），在工具选项栏中设置合适的笔刷大小，设置"不透明度"为 32%，如图 11-56 所示。

图 11-53　盖印图层

图 11-54　设置模糊

图 11-55　设置图层属性

图 11-56　设置橡皮擦工具选项栏

7️⃣ 擦除多余的图像，得到满意的效果即可，如图 11-57 所示。

图 11-57　擦除多余的图像

11.5 小结

　　本章系统讲解了景观一角后期处理的方法和技巧。在制作过程中大量使用了复制图层，通过复制出的图层调整出阴影和玻璃倒影效果。通过对本章的学习，读者应该熟练掌握根据不同的情况调整出不同的阴影效果，并了解了景观效果图的一般处理方法。

第 12 章
水边住宅的后期处理

本章介绍水边住宅的后期处理，主要使用了纯后期添加的方法，制作园林景观。在添加素材的过程中，需要掌握水面与素材的反射关系以及纯后期园林与建筑的协调搭配。

课堂学习目标

- 调整图像的整体效果
- 调整局部图像、添加装饰素材
- 最终效果的处理

12.1 水边住宅后期处理的构思

本章介绍如何对水边住宅效果图进行后期处理。如图 12-1 所示为渲染效果图和后期处理效果的对比。

图 12-1　效果图的前后对比

水边住宅的重点除了建筑之外，最主要的就是水边的效果处理了，不可缺少的就是水边植物素材的添加，添加的过程比较烦琐而且较为重复。所以在添加素材时步骤会相对省略一部分，以免相同的步骤和操作出现太多次。希望读者可以参考添加的素材来多看、多想，可以根据制作的思路应用到以后的实战中。

12.2 调整图像的整体效果

调整图像的整体效果，主要是调整图像的亮度、对比度、色彩的颜色等。

❶ 首先选择随书附带光盘中的"素材文件 \ 第 12 章 \ 水边居民楼 .tif 和线框颜色 .tif"两个文件，打开的水边住宅楼和颜色通道图像，如图 12-2 所示。下面将对效果图进行后期处理。

图 12-2　两个图像文件

❷ 按住 Shift 键，使用 ▸⁺（移动工具）将通道图像移动复制到水边建筑图像中。然后在"图层"面板中选择"背景"图层，按 Ctrl+J 快捷键，复制图像到新的"背景 拷贝"图层中，将新图层放置到颜色通道图层的上方，如图 12-3 所示。

图 12-3 复制背景图像

③ 选中"背景 拷贝"图层，按 Ctrl+L 快捷键，在弹出的"色阶"对话框中调整"色阶"参数为 0、1.09、210，如图 12-4 所示。

图 12-4 设置图像的色阶

12.3 调整局部图像、添加装饰素材

下面将介绍调整图像的局部效果，并添加装饰素材。

① 在"图层"面板中隐藏"背景 拷贝"图层，选中"图层 1"图层，使用 （魔棒工具）在颜色通道图中选择黄色的建筑墙体，如图 12-5 所示。

图 12-5 选择墙体颜色

② 显示并选中"背景 拷贝"图层，按 Ctrl+B 快捷键，在弹出的"色彩平衡"对话框中设置"色阶"的参数为 +24、-11、-24，如图 12-6 所示。

图 12-6　调整色彩平衡

③ 隐藏"背景 拷贝"图层，选中"图层 1"图层，使用 <img>（魔棒工具）选择橘色的墙体，如图 12-7 所示。

图 12-7　选择橘色墙体

④ 显示并选中"背景 拷贝"图层，按 Ctrl+B 快捷键，在弹出的"色彩平衡"对话框中设置"色阶"的参数为 +28、0、−9，如图 12-8 所示。

图 12-8　设置墙体的色阶

⑤ 选择菜单栏中的"图像"|"调整"|"自然饱和度"命令，在弹出的"自然饱和度"对话框中设置"自然饱和度"为 +87，如图 12-9 所示。

⑥ 隐藏"背景 拷贝"图层，选中"图层 1"图层，使用 <img>（魔棒工具）选择楼顶颜色，如图 12-10 所示。

⑦ 显示并选中"背景 拷贝"图层，选择菜单栏中的"图像"|"调整"|"自然饱和度"命令，在弹出的"自然饱和度"对话框中设置"自然饱和度"为 +49，如图 12-11 所示。

⑧ 隐藏"背景 拷贝"图层，选中"图层 1"图层，使用 <img>（魔棒工具）选择水面颜色，如图 12-12 所示。

图 12-9　设置自然饱和度

图 12-10　选择楼顶颜色

图 12-11　设置自然饱和度

图 12-12　选择水面颜色

⑨ 显示并选中"背景 拷贝"图层，按 Ctrl+B 快捷键，在弹出的"色彩平衡"对话框中设置"色阶"的参数为 +31、+45、−10，如图 12-13 所示。

图 12-13　设置水面的色彩平衡

⑩ 使用工具箱中的 ⬚（裁剪工具）裁剪出图像较高的效果图区域，如图 12-14 所示。

图 12-14　裁剪图像

⑪ 在"图层"面板中选中"背景 拷贝"图层，按住 Ctrl 键，单击"图层 1"图层缩览图，将建筑区域载入选区，如图 12-15 所示。

图 12-15　载入选区

⑫ 单击"图层"面板底部的 ▢（添加图层蒙版）按钮，将不需要的天空区域隐藏掉，如图 12-16 所示。

⑬ 选择随书附带光盘中的"素材文件\第 12 章\天空 .jpg"文件，打开的图像如图 12-17 所示。

图 12-16　创建蒙版

图 12-17　天空文件

⑭ 将天空素材拖曳到效果图中，按 Ctrl+T 快捷键，打开自由变换控制框，调整图像的大小，如图 12-18 所示。

⑮ 选择工具箱中的 ■ (渐变工具)，在工具选项栏中单击渐变色块，在弹出的"渐变编辑器"对话框中设置渐变为天空深蓝色到浅蓝色的渐变，并设置右侧的渐变为透明，如图 12-19 所示。

图 12-18　添加天空图像

图 12-19　设置渐变颜色

⑯ 在"图层"面板中调整天空图层的位置，并在天空图层的位置上方创建新的"图层 3"图层，填充渐变，然后设置图层混合模式为"线性加深"，设置"不透明度"为 30%，如图 12-20 所示。

图 12-20　填充渐变并设置图层属性

⑰ 选择随书附带光盘中的"素材文件\第12章\后期素材.psd"文件，打开的图像如图 12-21 所示。

> "后期素材.psd"文件是调整好的后期配景素材文件，这些素材是分别带有图层的植物素材图像，所以在添加后不满意还可以重新调整。

⑱ 选择所有的素材图层，并将其拖曳到效果图中，按 Ctrl+T 快捷键，打开自由变换控制框，调整整个后期素材的大小，如图 12-22 所示。

图 12-21　素材图像　　　　　　　　图 12-22　调整素材图像的大小

⑲ 添加并调整素材图像后的效果如图 12-23 所示。

图 12-23　调整后的效果

> 添加住宅楼前后的植物素材后，确定其图层均为选择状态，然后将其放置到一个图层组中，便于管理。

⑳ 选择随书附带光盘中的"素材文件\第12章\后期素材01.psd"文件，打开素材图像，然后在需要的图像上右击，选择图像所在的图层，如图 12-24 所示。

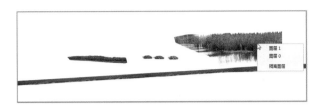

图 12-24　素材图像

㉑ 将需要的素材图像拖曳到效果图中，按 Ctrl+T 快捷键，打开自由变换控制框，调整素材图像的大小，如图 12-25 所示。

图 12-25　拖曳并调整素材图像的大小

㉒ 选择随书附带光盘中的"素材文件\第 12 章\后期素材 02.psd"文件，打开的图像如图 12-26 所示。

㉓ 将需要的素材图像拖曳到效果图中，并调整素材图像的位置和大小，如图 12-27 所示。

图 12-26　素材图像　　　　　　图 12-27　添加并调整后的效果

㉔ 分别使用"曲线"命令对添加的素材图像进行明度调整，如图 12-28 所示。

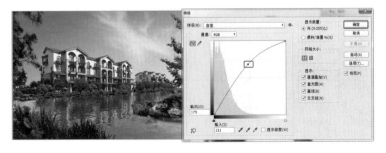

图 12-28　调整曲线

㉕ 调整明度后的素材图像效果如图 12-29 所示。

图 12-29 调整后的效果

12.4 调整最终效果

添加完素材后,接下来将对效果图进行整体效果的调整,其主要调整的是色调,并盖印图像,然后设置图层混合模式。

❶ 在"图层"面板中选择最顶部的图层,按 Ctrl+Alt+Shift+E 快捷键,盖印图像到新的图层中,如图 12-30 所示。

图 12-30 盖印图层

❷ 按 Ctrl+M 快捷键,在弹出的"曲线"对话框中调整曲线的形状,如图 12-31 所示。

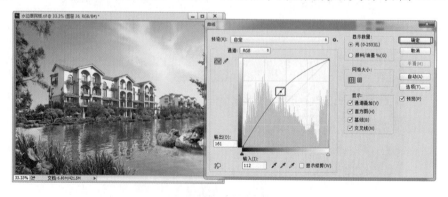

图 12-31 调整曲线

③ 选择菜单栏中的"滤镜"|"模糊"|"高斯模糊"命令，在弹出的"高斯模糊"对话框中设置"半径"为 2.0 像素，如图 12-32 所示。

图 12-32　设置模糊

④ 设置图层混合模式为"柔光"，设置"不透明度"为 30%，如图 12-33 所示。

图 12-33　设置图层属性

⑤ 单击"图层"面板底部的 ◎.（创建新的填充或调整图层）按钮，在弹出的下拉菜单中选择"亮度/对比度"命令，在"属性"面板中设置"亮度"为 20、"对比度"为 5，如图 12-34 所示。

图 12-34　设置亮度/对比度

12.5 小结

　　本章主要介绍了通过简单的添加各种素材来完成水边住宅建筑的后期，并着重讲述建筑色调调整以及整个氛围的制作。通过对本章的学习，读者可以熟练掌握建筑和环境氛围在不同情况下的调整，最终得到自己想要的处理效果。

第 13 章
夜景效果图的后期处理

本章中将实战制作商住综合体的夜景后期处理，主要讲解夜景商业的氛围烘托以及夜景住宅细节的处理。在后期处理过程中，需要掌握夜景效果图主体、辅助和陪体的关系以及完整融合整个夜景风格的目的。

课堂学习目标

- 夜景效果图的基础知识
- 夜景效果图后期制作的注意事项
- 夜景效果图后期的制作流程
- 夜景效果图的后期处理

13.1 室外夜景效果图后期处理的构思

在制作室外夜景效果图之前，要了解夜景的时间段，夜景处于黄昏之后和清晨之前。一般的夜景表现都要比现实稍亮，不会是一片漆黑，否则看不清建筑的结构和建筑配景；也不会是整体效果明亮，否则变成了日景。

夜景效果图一般拥有强烈的明暗对比，一般天空颜色较冷，而室内或商业则使用暖色调较多。光源一般为环境光，且光源种类较为复杂，建筑立面的明暗变化较为柔和。

夜景效果图的应用与日景效果图基本相同，如规划类、公建类、商业类、住宅类、商住综合类等。但是，其色调、明暗、气氛的表现也是千变万化。跟日景效果图相比较，夜景效果图有较多的光源，比较容易凸显主体和烘托氛围。

夜景效果图的制作比日景效果图要注意的事项多，说明如下：

(1) 环境光和其他光源要相互搭配，画面不宜过白，否则没有层次。

(2) 与甲方沟通，要了解设计师想要的夜景色调和表达区域。

(3) 画面的整体亮点不宜过多，主要表现一两个即可，以免分散视觉中心。

(4) 天空亮则建筑稍暗，反之亦然。否则建筑与天空模糊在一起不易区分。建筑外立面不要过黑，不易于材质的体现。

(5) 理解效果图的应用性质，根据性质的不同做足细节。如商业需要充足的商业气息、人流、车流、街灯等，来体现都市的繁华；住宅需要体现舒适的园林景观和休闲的人。

夜景效果图的色调比日景效果图丰富多彩，所以制作的流程没有固定限制。夜景效果图一般的制作流程如下：

(1) 制作天空或背景。

(2) 夜晚能见度低，雾效要制作多层，体现出远近层次。

(3) 分别调整各材质的明暗和色彩，并通过调整使其融入整个画面风格。

(4) 添加配景素材，丰富画面。

(5) 添加各种光效。

(6) 增加画面质感。

13.2 调整局部图像效果

本章介绍对商住综合体的夜景效果图进行后期处理。如图 13-1 所示为渲染效果图；如图 13-2 所示为后期处理的效果。

图 13-1　渲染效果

图 13-2　后期处理的效果

① 选择菜单栏中的"文件"|"打开"命令，在弹出的"打开"对话框中，选择随书附带光盘中的"素材文件 \ 第 13 章 \ xg.tga、td.tga 和 td2.tga"3 个文件，如图 13-3 所示。

② 选择 td2.tga 文档窗口，按 V 键激活 ▶.（移动工具），按住 Shift 键拖曳图像到 xg.tga 文件中。使用同样方法，将 td.tga 文件中的图像拖曳到 xg.tga 文件中。选中"背景"图层，按 Ctrl+J 快捷键复制图像到新的图层中，选择复制出的"背景 拷贝"图层，按 Ctrl+Shift+】快捷键将图层置顶，如图 13-4 所示。

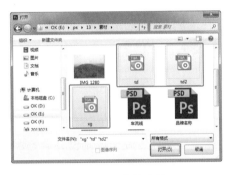

图 13-3　选择文件

图 13-4　拖曳图像并复制图层

③ 选中"图层 2"图层，按 W 键激活 ⚲.（魔棒工具），在工具选项栏中设置"容差"为 10，选择地面的双黄线以及白线，如图 13-5 所示。

④ 选中"背景 拷贝"图层，按 Ctrl+J 快捷键将选区中的图像复制到新的图层中，然后双击图层名称，将其命名为"双黄线"。按 L 键激活 ▽（多边形套索工具），选中不需要的白线区域，按 Delete 键将白线区域删除，如图 13-6 所示。

图 13-5　选择黄白线选区

图 13-6　复制双黄线图像

⑤ 按 Ctrl+B 快捷键，在弹出的"色彩平衡"对话框中选择"色调平衡"为"中间调"，设置"色彩平衡"的色阶值，加强红黄色。按 Ctrl+U 快捷键，在弹出的"色相 / 饱和度"对

话框中降低"饱和度"和"明度",如图 13-7 所示。

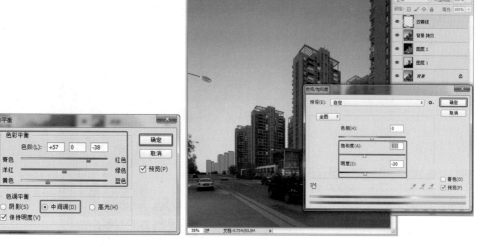

图 13-7　设置色彩平衡及色相 / 饱和度

⑥ 选择随书附带光盘中的"素材文件 \ 第 13 章 \ 做旧 .jpg"文件,如图 13-8 所示。

⑦ 将素材图像拖曳到效果图中,按 Ctrl+T 快捷键,打开自由变换控制框,调整图像的大小和透视,如图 13-9 所示。按 Enter 键确定调整。

图 13-8　素材图像

图 13-9　调整素材图像大小和透视

⑧ 双击"图层 3"图层名称,将其命名为"路线做旧"。按住 Ctrl 键单击该图层缩览图,将其载入选区;接着按住 Alt 键在图层内移动复制图像,将图像铺满所有路线所在区域。选中"图层 2"图层,按 W 键激活 🔍(魔棒工具),选择地面的路线区域;选中"路线做旧"图层,单击"图层"面板底部的 ◙(添加图层蒙版)按钮,添加图层蒙版,如图 13-10 所示。

⑨ 单击 🔗(指示图层蒙版链接到图层)按钮,将图层和蒙版解除链接状态,选择图层缩览图,设置"不透明度"为 15%,如图 13-11 所示。

图 13-10　添加图层蒙版

图 13-11　设置图层属性

🔟 选中"图层 2"图层，按 W 键激活 🪄（魔棒工具），选择底商外墙区域；选中"背景 拷贝"图层，按 Ctrl+J 快捷键复制图像到新的图层中，并将图层命名为"下墙"；按 Ctrl+M 快捷键，使用"曲线"命令提亮选区，如图 13-12 所示。

⓫ 按 Ctrl+B 快捷键，在弹出的"色彩平衡"对话框中，选择"色调平衡"为"高光"，设置"色彩平衡"的色阶值，为亮部增加红黄色，如图 13-13 所示。提高亮度和增加暖色可突出氛围。

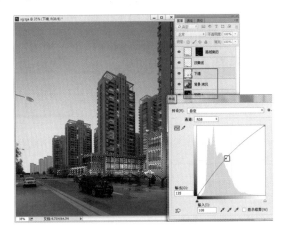

图 13-12　调整曲线

图 13-13　添加红黄色

⓬ 按 M 键激活 ▭（矩形选框工具），框选如图 13-14 所示区域。按 Ctrl+M 快捷键，使用"曲线"命令压暗选区，区分出建筑的明暗面。

⓭ 按 Ctrl+D 快捷键，取消选区的选择。再框选如图 13-15 所示的区域，再按 Ctrl+M 快捷键，使用"曲线"命令稍微压暗选区。

⓮ 在"图层 2"图层中选择楼体外墙选区；选中"背景 拷贝"图层，按 Ctrl+J 快捷键复制图像到新的图层中，并将其命名为"上墙"；按住 Ctrl 键单击图层缩览图，将其载入选区，如图 13-16 所示。

⓯ 在工具箱中双击 ▣（以快速蒙版模式编辑）按钮，在弹出的"快速蒙版选项"对话框中选中"所选区域"单选按钮，单击"确定"按钮，如图 13-17 所示。

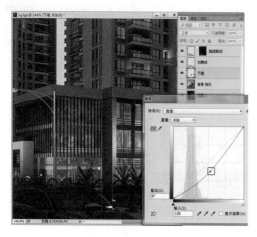

图 13-14　设置明暗面

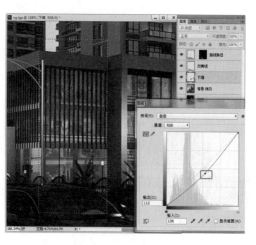

图 13-15　设置明暗面

图 13-16　选择上墙选区

图 13-17　进入快速蒙版

⑯ 按 W 键激活 🔲（魔棒工具），选择快速蒙版的红色区域，按 G 键激活 🔲（渐变工具），在工具选项栏中单击 ▇▇▇▇▇ ▾（点按可编辑渐变）按钮，确定"预设"为第一个色块（前景色到背景色渐变），从左上至右下拖拉渐变，如图 13-18 所示。

提示

在拖拉渐变时应注意快速蒙版区在选区中所占比例，如果感觉渐变效果不理想，可以多次拖拉渐变，直到得到满意效果为止。

⑰ 按 Q 键退出快速蒙版。按 Ctrl+B 快捷键，在弹出的"色彩平衡"对话框中选择"色调平衡"为"中间调"，为选区添加合适的青蓝色，如图 13-19 所示。

⑱ 按 Ctrl+M 快捷键，在弹出的"曲线"对话框中调整曲线，将选区压暗以增强与天空的对比，如图 13-20 所示。

⑲ 按 Ctrl+D 快捷键，取消选区的选择，再使用之前的快速蒙版方法从下至上拖拉渐变，效果如图 13-21 所示。

图 13-18　为快速蒙版拖拉渐变

图 13-19　退出快速蒙版并调整色调

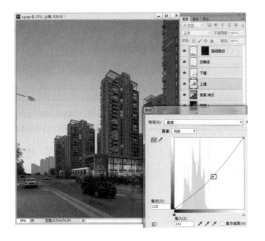
图 13-20　压暗选区

图 13-21　使用快速蒙版从下至上拖拉渐变

⑳ 按 Q 键退出快速蒙版。按 Ctrl+M 快捷键，在弹出的"曲线"对话框中调整曲线，稍微提亮选区；按 Ctrl+B 快捷键，在弹出的"色彩平衡"对话框中选择"色调平衡"为"中间调"，调整颜色，加点红黄色，使选区能与底商自然衔接，如图 13-22 所示。

图 13-22　提亮选区并调整色调

㉑ 选择菜单栏中的"文件"|"打开"命令，打开随书附带光盘中的"素材文件\第13章\IMG_1280.jpg"文件，按 M 键激活 □ (矩形选框工具)，框选如图 13-23 所示的背景区域。

图 13-23　打开素材并创建选区

㉒ 按 V 键激活 ►• (移动工具)，将选区中的图像拖曳到效果图中，将其命名为"背景"。按 Ctrl+T 快捷键，打开自由变换控制框，调整合适的大小和位置，按 Enter 键或双击图像确定调整；选中"图层 2"图层，按 W 键激活 ◄ (魔棒工具)，选择背景选区，选择导入的"背景"图层，单击 ▣ (添加图层蒙版)按钮添加图层蒙版，并解除图层和蒙版的链接状态，选择图层缩览图，按住 Ctrl 键单击图层缩览图选择图像选区；按 V 键激活 ►• (移动工具)，按住 Alt 键在图层内移动复制图像，按 Ctrl+T 快捷键，打开自由变换控制框，调整合适的大小和位置，按 Ctrl+D 快捷键，取消选区的选择；按 Ctrl+L 快捷键使用"色阶"命令压暗图像，按 Ctrl+B 快捷键使用"色彩平衡"命令调整图像的色调与近处天空相近；按 E 键激活 ✐ (橡皮擦工具)，设置合适的"不透明度"，将图像与天空的硬衔接擦除，使图像与天空相融合，如图 13-24 所示。

㉓ 按 G 键激活 ▣ (渐变工具)，在工具选项栏中单击 ▰▰▰▰▾ (点按可编辑渐变)按钮，选择"预设"为第二个色块(前景色到透明渐变)，如图 13-25 所示。

图 13-24　调整图像并添加图层蒙版　　　图 13-25　选择渐变类型

㉔ 单击"图层"面板底部的 ▣ (创建新图层)按钮，创建一个新的空白图层，并将其命名为"远树雾效"。通过"图层 2"图层选择最远景的树选区，选中"远树雾效"图层，单击 ▣ (添加图层蒙版)按钮添加图层蒙版，并解除图层和蒙版的链接状态，选择图层缩览图。

在工具箱中单击前景色，将鼠标放到远景树上方较近的天空处单击吸取颜色，从上至下拖拉渐变，如图 13-26 所示。

技巧

> 在解除图层和蒙版的链接状态后，按 V 键激活 ▶+ (移动工具)，可以通过上下移动雾效图像达到调整雾效强弱的效果。

㉕ 单击"图层"面板底部的 ▣ (创建新图层) 按钮，创建一个新的空白图层，并将其命名为"最后配楼雾效"。通过"图层 2"图层选择最远景的配楼选区，选中"最后配楼雾效"图层，单击 ▣ (添加图层蒙版) 按钮添加图层蒙版，并解除图层和蒙版的链接状态，选择图层缩览图。在工具箱中单击前景色，将鼠标放到配楼上方较近的天空处单击吸取颜色，从上至下拖拉渐变。按 Ctrl+M 快捷键，使用"曲线"命令稍微压暗图像，为图层设置合适的"不透明度"，如图 13-27 所示。

图 13-26　制作远景树雾效　　　　图 13-27　制作最后配楼雾效

㉖ 单击"图层"面板底部的 ▣ (创建新图层) 按钮，创建一个新的空白图层。通过"图层 1"图层选择最远的三栋主楼选区，选中"图层 3"图层，单击 ▣ (添加图层蒙版) 按钮添加图层蒙版，并解除图层和蒙版的链接状态，选择图层缩览图。在工具箱中单击前景色，将鼠标放到选区上方较近的天空处单击吸取颜色，从上至下拖拉渐变。按 Ctrl+M 快捷键，使用"曲线"命令稍微压暗图像，设置图层混合模式为"滤色"，设置合适的"不透明度"，如图 13-28 所示。

图 13-28　为最后三栋主楼添加雾效

13.3 添加装饰素材

下面将为夜景图像添加装饰素材，在处理过程中需要不断调整，直到得到满意的效果。

1 选择随书附带光盘中的"素材文件 \ 第 13 章 \ 广告"文件夹,从中提供了 15 张广告贴图用于制作底商外墙广告。将图像打开,再将图像拖曳到效果图中,按 Ctrl+T 快捷键,打开自由变换控制框,调整图像的大小、位置和透视;按 Ctrl+U 快捷键,在弹出的"色相 / 饱和度"对话框中降低"饱和度"和"明度",为图层设置合适的"不透明度"。如果前方有遮挡物体,可通过"图层 2"图层选择选区,再回到广告图层,按 Delete 键将选区中的图像删除,再按 Ctrl+D 快捷键取消选区的选择,如图 13-29 所示。

图 13-29　添加广告素材

2 调整好的底商广告效果如图 13-30 所示。

3 再使用同样方法,将随书附带光盘中的"素材文件 \ 第 13 章 \ 标牌"文件夹中的标牌拖曳到效果图中,完成的店面标牌效果如图 13-31 所示。

图 13-30　添加广告素材后的效果

图 13-31　添加标牌素材后的效果

4 选中"图层 2"图层,按 W 键激活 ▨ (魔棒工具),选择白色檐口和阳台板选区;选中"背景 拷贝"图层,按 Ctrl+J 快捷键复制图像到新的图层中,并将其命名为"檐口、阳台"。按住 Ctrl 键单击图层缩览图,将图像载入选区;按 Q 键进入快速蒙版,按 W 键激活 ▨ (魔棒工具），选择红色选区。按 G 键激活 （渐变工具），确定"预设"类型为"前景色到背景色渐变"，从下至上拖拉渐变，按 Q 键退出快速蒙版。按 Ctrl+M 快捷键，使用"曲线"命令稍微提亮选区；按 Ctrl+B 快捷键，在弹出的"色彩平衡"对话框中选择"中间调"调整颜色，添加红黄色与上墙颜色相符，如图 13-32 所示。

⑤ 按 Ctrl+D 快捷键取消选区的选择，使用之前的快速蒙版方法从上至下拖拉渐变，按 Ctrl+M 快捷键使用"曲线"命令稍微压暗选区，按 Ctrl+B 快捷键，在弹出的"色彩平衡"对话框中选择"中间调"调整颜色，添加青蓝色，如图 13-33 所示。

图 13-32　调整檐口和阳台板下部分

图 13-33　调整檐口和阳台板上部分

⑥ 使用"图层 2"图层选择玻璃选区，选中"背景 拷贝"图层，按 Ctrl+J 快捷键复制图像到新的图层中，并将其命名为"玻璃"。按 Ctrl+L 快捷键，在弹出的"色阶"对话框中设置色阶参数，将明暗和色彩对比加强，如图 13-34 所示。

⑦ 按住 Ctrl 键，单击玻璃图层的缩览图，将其载入选区。使用快速蒙版从上至下拖拉渐变，按 Ctrl+M 快捷键使用"曲线"命令压暗选区中的玻璃，如图 13-35 所示。

图 13-34　增强玻璃对比

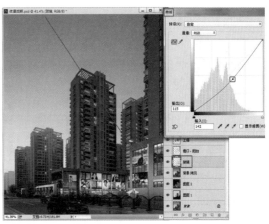

图 13-35　压暗玻璃上部分

⑧ 选择随书附带光盘中的"素材文件 \ 第 13 章 \ 住户窗 .psd"文件，如图 13-36 所示。

⑨ 分别将"住户窗 .psd"文件中的各图层拖曳到效果图中，按 Ctrl+T 快捷键，打开自

由变换控制框，调整图像的大小、位置和透视；按Ctrl+M快捷键，使用"曲线"命令提亮图像，设置图层合适的"不透明度"。按住Ctrl键单击玻璃图层缩览图，载入玻璃选区。选择窗图层，单击▣（添加图层蒙版）按钮添加图层蒙版，并解除图层和蒙版的锁定状态。选择图层缩览图，按住Alt键移动复制图像，并调整图像的大体透视，完成的效果如图13-37所示。

图13-36　选择素材文件　　　　　　　　图13-37　调整窗口图像

⑩ 使用"图层2"图层选择太阳伞选区，选中"背景 拷贝"图层，按Ctrl+J快捷键复制图像到新的图层中，并将其命名为"太阳伞"。按Ctrl+L快捷键，使用"色阶"命令增强对比，如图13-38所示。

⑪ 使用"图层2"图层选择天井的玻璃罩选区，选中"背景 拷贝"图层，按Ctrl+J快捷键复制图像到新的图层中，并将其命名为"三角玻璃罩"。按Ctrl+M快捷键，使用"曲线"命令稍微提亮；按Ctrl+L快捷键，使用"色阶"命令提高亮度，如图13-39所示。

图13-38　增强太阳伞对比　　　　　　　　图13-39　提亮三角玻璃罩

⑫ 按Ctrl+J快捷键复制图像到新的图层中，设置图层混合模式为"滤色"，设置合适的"不透明度"。选择菜单栏中的"滤镜"|"模糊"|"高斯模糊"命令，为模糊设置合适的"半径"，

使其有光晕效果，如图 13-40 所示。

⑬ 使用"图层 2"图层选择路灯灯罩选区，选中"背景 拷贝"图层，按 Ctrl+J 快捷键复制图像到新的图层中，并将其命名为"路灯罩"。按 Ctrl+M 快捷键，使用"曲线"命令稍微提亮；按 Ctrl+L 快捷键，使用"色阶"命令增强对比；按 Ctrl+B 快捷键，在弹出的"色彩平衡"对话框中选择"中间调"调整颜色，添加红黄色，如图 13-41 所示。

图 13-40 复制图像并设置高斯模糊

图 13-41 提亮路灯罩并添加红黄色

⑭ 按 Ctrl+J 快捷键复制图像到新的图层中，设置图层混合模式为"滤色"。选择菜单栏中的"滤镜"|"模糊"|"高斯模糊"命令，为模糊设置合适的"半径"，使其有光晕效果，如图 13-42 所示。

⑮ 使用"图层 2"图层选择地面红绿灯选区，选中"背景 拷贝"图层，按 Ctrl+J 快捷键复制图像到新的图层中，并将其命名为"红绿灯"。按 L 键激活☑（多边形套索工具），抠选绿色灯，按 Ctrl+M 快捷键，使用"曲线"命令压暗至灯不亮；按 Ctrl+U 快捷键，在弹出的"色相/饱和度"对话框中降低饱和度。按 L 键激活☑（多边形套索工具），抠选红色灯，按 Ctrl+M 快捷键，使用"曲线"命令提亮至亮灯；按 Ctrl+U 快捷键，在弹出的"色相/饱和度"对话框中提高饱和度，效果如图 13-43 所示。

图 13-42 复制图像并设置高斯模糊

图 13-43 更改错误的红绿灯信息

⑯ 使用"图层2"图层选择汽车选区，按住 Shift 键继续加选全部汽车，选中"背景 拷贝"图层，按 Ctrl+J 快捷键复制图像到新的图层中，并将其命名为"汽车"。按 Ctrl+M 快捷键，使用"曲线"命令提亮汽车，如图 13-44 所示。

⑰ 按 L 键激活 ☑（多边形套索工具），抠选车前灯，在加选时按住 Shift 键，按 Ctrl+J 快捷键复制图像到新的图层中，并将其命名为"车前灯"。按 Ctrl+M 快捷键，使用"曲线"命令提亮选区，如图 13-45 所示。

图 13-44　提亮汽车　　　　　　　　　　图 13-45　提亮车前灯

⑱ 选中"汽车"图层，抠选车尾灯选区，按 Ctrl+J 快捷键复制图像到新的图层中，并将其命名为"车后灯"。按 Ctrl+M 快捷键，使用"曲线"命令提亮选区，如图 13-46 所示。

⑲ 选中"汽车"图层，选择菜单栏中的"滤镜"|"模糊"|"动感模糊"命令，在弹出的"动感模糊"对话框中按汽车运动角度设置合适的角度及距离，如图 13-47 所示。

图 13-46　提亮车后灯　　　　　　　　　图 13-47　为汽车设置运动模糊

⑳ 使用"图层2"图层选择公路选区，选中"背景 拷贝"图层，按 Ctrl+J 快捷键复制图像到新的图层中，并将其命名为"公路"；再按 Ctrl+J 快捷键复制一个"公路 拷贝"图层作为前景压暗层。然后单击该图层前面的 ◉（指示图层可见性）按钮使其不可见。选中"公路"

图层，如图 13-48 所示。

㉑ 按 Ctrl+U 快捷键，在弹出的"色相 / 饱和度"对话框中降低饱和度，如图 13-49 所示。

图 13-48　复制公路图像　　　　　　　　图 13-49　降低公路饱和度

㉒ 按 Ctrl+B 快捷键，在弹出的"色彩平衡"对话框中选择"中间调"调整颜色，添加合适的红黄色，如图 13-50 所示。

㉓ 显示并选中"公路 拷贝"图层，按住 Ctrl 键单击图层缩览图，使用快速蒙版从下至上拖拉渐变，如图 13-51 所示。

图 13-50　调整公路色调　　　　　　　　图 13-51　使用快速蒙版拖拉渐变

㉔ 按 Ctrl+Shift+I 快捷键反选选区，按 Delete 键将选区中的图像删除，如图 13-52 所示。

㉕ 按 Ctrl+D 快捷键取消选区的选择，设置图层混合模式为"正片叠底"，设置合适的"不透明度"，如图 13-53 所示。

㉖ 单击工具箱中的前景色图标，在弹出的"拾色器 (前景色)"对话框中设置合适的前景色颜色，如图 13-54 所示。

㉗ 单击"图层"面板底部的 ⬛ (创建新图层) 按钮，创建一个新的空白图层，并将其命名为"近车灯效"。按 M 键激活 ▣ (矩形选框工具)，框选确定选区；按 G 键激活 ▣ (渐变工具)，在工具选项栏中单击  ▾ (点按可编辑渐变) 按钮，选择"预设"为第二个色

块（前景色到透明渐变），从左至右拖拉渐变，如图 13-55 所示。

图 13-52　反选图像并删除

图 13-53　设置前景压暗效果

图 13-54　设置前景色

图 13-55　制作车灯效果

㉘ 按 Ctrl+T 快捷键，打开自由变换控制框，调整合适的透视，如图 13-56 所示。

㉙ 按 Enter 键确定调整，设置图层混合模式为"滤色"。按 E 键激活 ✐（橡皮擦工具），选择笔刷为柔边，设置合适的"不透明度"，按【、】键调整笔刷大小，将硬边擦除，如图 13-57 所示。

㉚ 按 Ctrl+M 快捷键，使用"曲线"命令提亮车灯柱。按 V 键激活 ➤（移动工具），按住 Alt 键移动复制图像并进行调整，如图 13-58 所示。

㉛ 选择随书附带光盘中的"素材文件＼第 13 章＼闪耀阳光 .psd"文件，将图像拖曳到效果图中，设置图层混合模式为"滤色"。按 Ctrl+T 快捷键，打开自由变换控制框，调整合适的大小和位置。按住 Alt 键移动复制图像，并继续调整大小和位置，如图 13-59 所示。

㉜ 选择随书附带光盘中的"素材文件＼第 13 章＼车流线 .psd"文件，如图 13-60 所示。

㉝ 将红色车流线拖曳到效果图中，设置图层混合模式为"滤色"。按 Ctrl+T 快捷键，打开自由变换控制框，调整图像的大小和透视。按 E 键激活 ✐（橡皮擦工具），擦除不需要的部分，如图 13-61 所示。

图 13-56　调整车灯柱形状

图 13-57　细化车灯柱

图 13-58　复制车灯柱

图 13-59　打开并导入路灯灯效

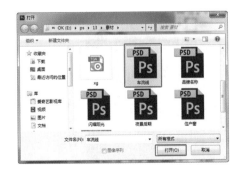

图 13-60　车流线素材文件

图 13-61　导入并调整车流线

34 使用"图层 2"图层选择绿化带选区，选中"背景 拷贝"图层，按 Ctrl+J 快捷键复制图像到新的图层中，并将其命名为"绿化带"。按 Ctrl+L 快捷键，使用"色阶"命令增强对比；按 Ctrl+U 快捷键，使用"色相/饱和度"命令降低饱和度，如图 13-62 所示。

35 使用"图层 2"图层选择绿篱选区，选中"背景 拷贝"图层，按 Ctrl+J 快捷键复制图像到新的图层中，并将其命名为"绿篱"。按 Ctrl+L 快捷键，使用"色阶"命令增强对比；按 Ctrl+B 快捷键，在弹出的"色彩平衡"对话框中选择"中间调"调整颜色，加点红黄色，如图 13-63 所示。

图 13-62 降低绿化带饱和度

图 13-63 调整绿篱色调

36 使用"图层 2"图层选择盆栽选区，选中"背景 拷贝"图层，按 Ctrl+J 快捷键复制图像到新的图层中，并将其命名为"盆栽"。按 Ctrl+M 快捷键，使用"曲线"命令稍微提亮；按 Ctrl+B 快捷键，在弹出的"色彩平衡"对话框中选择"中间调"调整颜色，加点红黄色，如图 13-64 所示。

37 使用"图层 2"图层选择树选区，选中"背景 拷贝"图层，按 Ctrl+J 快捷键复制图像到新的图层中，并将其命名为"树"。按 L 键激活 ☑（多边形套索工具），随机抠选几棵树，按 Ctrl+M 快捷键，使用"曲线"命令将其压暗；按 Ctrl+B 快捷键，在弹出的"色彩平衡"对话框中选择"中间调"，调整颜色，使其与其他树有所不同，如图 13-65 所示。

图 13-64 调整盆栽色调

图 13-65 调整树色调

38 按 Ctrl+Shift+I 快捷键反选选区；按 Ctrl+L 快捷键，使用"色阶"命令增强对比；按 Ctrl+M 快捷键，使用"曲线"命令将其压暗，如图 13-66 所示。

39 选择随书附带光盘中的"素材文件\第 13 章\树"文件夹，打开其中的树素材，如图 13-67 所示。

图 13-66　压暗剩余的树

图 13-67　树素材文件

40 将树拖曳到效果图中，使用 Ctrl+T 快捷键调整大小和位置，将树压暗并调整其色调，如图 13-68 所示。

41 按住 Alt 键移动复制树，将其作为其他树的补充，使用 Ctrl+T 快捷键调整大小和位置，将树压暗并调整其色调，如图 13-69 所示。

图 13-68　调整导入的树

图 13-69　复制并调整树

42 将其他的树素材拖曳到效果图中，调整合适的大小和位置。先取消图层的可见性，按 M 键激活回（矩形选框工具），沿墙线框选，再将图层可见，如图 13-70 所示。

43 按 Delete 键删除图像，再将其他多余的图像删除，按 Ctrl+L 快捷键，使用"色阶"命令增强对比；按 Ctrl+B 快捷键，使用"色彩平衡"命令调整色调；按 Ctrl+U 快捷键，使用"色相/饱和度"命令降低饱和度，效果如图 13-71 所示。

图 13-70　调整商业区补充树

图 13-71　调整树的色调

44　将樱花树素材拖曳到效果图中，按 Ctrl+T 快捷键，使用"自由变换"命令调整图像的大小和位置；按 Ctrl+L 快捷键，使用"色阶"命令增强对比；按 Ctrl+B 快捷键，使用"色彩平衡"命令调整色调；按 Ctrl+U 快捷键，使用"色相/饱和度"命令降低饱和度和明度。通过"图层 2"图层选择前方遮挡植物的选区，然后选中樱花图层，按 Delete 键删除图像，如图 13-72 所示。

图 13-72　添加并调整樱花树素材

13.4　调整最终效果

添加完素材后，接下来将制作效果图的喷光效果，并盖印和设置图层的"高反差保留"，最后通过设置图层混合模式来完成效果。

1　单击"图层"面板底部的 ▣（创建新图层）按钮，创建一个新的空白图层，并将其命名为"喷光"。双击图层名称后的空白处，在弹出的"图层样式"面板中取消选中"透明形状图层"复选框，如图 13-73 所示。

② 单击工具箱中的前景色图标,在弹出的"拾色器(前景色)"对话框中设置前景色的颜色,如图 13-74 所示。

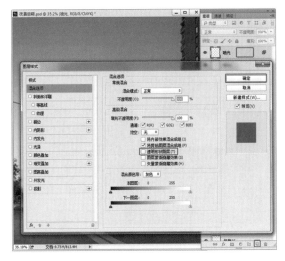

图 13-73 图层样式设置　　　　　　　　　　　　图 13-74 设置前景色

③ 按 M 键激活 ▥ (矩形选框工具),框选选区,按 Alt+Delete 快捷键将前景色填充到选区中。按 G 键激活 ▣ (渐变工具),确定"预设"类型为"前景色到透明渐变",从右至左拖拉渐变,使喷光有由强到弱的变化。按 Ctrl+T 快捷键,使用"自由变换"命令调整图像,如图 13-75 所示。

④ 设置图层混合模式为"颜色减淡",设置合适的"不透明度"。按 E 键激活 ✐ (橡皮擦工具),在工具选项栏中设置合适的"不透明度",将图像的上边擦虚化让其更自然,将汽车和地面较暗处擦除,如图 13-76 所示。

图 13-75 创建选区并填充颜色　　　　　　　　图 13-76 设置图层属性并擦除多余区域

⑤ 按 Ctrl+J 快捷键复制图像到新的图层中,将地面的区域擦除,这样可以增加地面喷光区域的饱和度,同时也稍微提亮该区域,为图层设置合适的"不透明度",如图 13-77 所示。

⑥ 按 Ctrl+Alt+Shift+E 快捷键盖印可见图像到新的图层中,选择菜单栏中的"滤镜"|"其

他"|"高反差保留"命令弹出的"高反差保留"对话框中设置"半径"为2.4像素，如图13-78所示。

图13-77　加强地面灯光照亮区域

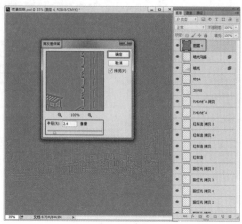

图13-78　盖印图像并设置高反差保留

⑦ 在"图层"面板中设置"图层4"图层混合模式为"叠加"，如图13-79所示。

⑧ 按Ctrl+Alt+Shift+E快捷键盖印图像，按Ctrl+M快捷键，使用"曲线"命令稍微压暗图像，然后设置图层混合模式为"正片叠底"。按E键激活 ✐（橡皮擦工具），选择柔边笔刷，设置"不透明度"为100%，放大笔刷，擦除中间图像和右上角建筑上的图像，制作四角压暗效果，为图层设置合适的"不透明度"，如图13-80所示。

图13-79　设置图层属性

图13-80　制作四角压暗效果

13.5 小结

本章详细地介绍了室外夜景效果图后期处理的方法和技巧。夜景和日景效果图的处理过程基本是一样的，所不同的就是表现的色调和氛围。通过对本章的学习，读者需要了解夜景中素材和建筑的处理方法。

第 14 章

鸟瞰效果图的后期处理

在前面的章节中详细讲解了室内外效果图的后期制作基本流程，本章将讲解对实战制作鸟瞰效果图的后期处理。

本章制作的鸟瞰效果图为一张大全景，局部调整较少，主要讲解整体画面的风格、色彩和光感。通过本章的演练，可以达到掌握时间、空间的效果。

课堂学习目标

- 鸟瞰效果图的作用
- 鸟瞰效果图后期的制作流程
- 调整局部效果
- 添加光晕和晕影
- 调整最终效果图

14.1 鸟瞰效果图后期处理的构思

鸟瞰效果图是指高于建筑顶部的视角俯瞰全景，应用于室外建筑效果图。从高处鸟瞰制图区，比平面图更有真实感。视线与水平线有一俯角，图上各要素一般都根据透视投影规则来描绘，其特点为近大远小，近明远暗，体现单个或群体建筑的结构、空间、材质、色彩、环境以及建筑之间各种关系的图片。

鸟瞰效果图多用于表现规划方案、建筑布局、园林景观等内容，多用于城市规划、商业和房地产等应用。

鸟瞰效果图的作用有以下几点：

(1) 作为项目前期的投标或预演。

(2) 能让观众直观的理解设计者的构思和想法。

(3) 提高同对方交流与沟通的效率。

在前期鸟瞰效果图构图时应在表现主体的同时，将周边配套同时表现出一部分，让观众一目了然地看出整体规划。好的效果图应包含丰富的内容信息，不要让人一眼看透而没有内容。要明确效果图的画面风格，并保证画面的统一性，能让观众直观、正确的理解表达的时间和重点表达的空间。然后需注意配景、人物、植物等素材的透视、比例、色调的关系处理。

室外效果图后期处理的过程没有固定的法则，但流程大致是相通的。效果图的风格不同，采用的制作方法也会有所不同。

鸟瞰效果图一般的制作流程如下：

(1) 根据风格和个人习惯使用"柔光"或"滤色"调整图像。

(2) 制作天空或远方背景。

(3) 分别调整各材质的明暗和色彩，并通过调整使其融入整个画面风格，不能太跳。

(4) 为场景添加人物、小品，如果是黄昏或夜景，需要加入灯光、车流线等元素，提高画面的真实氛围和生活细节。

(5) 为场景添加云、雾效、光源、四角压暗等特效。

14.2 调整局部效果

本章介绍对鸟瞰效果图进行后期处理。如图 14-1 所示为渲染效果图；如图 14-2 所示为后期处理的效果。

❶ 选择菜单栏中的"文件"|"打开"命令，在弹出的"打开"对话框中选择随书附带光盘中的"素材文件\第 14 章\001.tga 和 002.tga"两个文件，如图 14-3 所示。

❷ 选择 002.tga 文档窗口，按 V 键激活 ▶⊕.（移动工具），按住 Shift 键拖曳图像到 001.tga 文件中，选中"背景"图层，按 Ctrl+J 快捷键复制图像到新的图层中，选择复制出的"背景拷贝"图层，按 Ctrl+】快捷键将图层位置上移，如图 14-4 所示。

图 14-1 渲染效果

图 14-2 后期处理效果

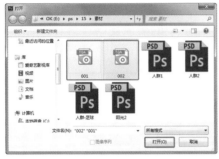

图 14-3 选择文件

图 14-4 拖曳图像并复制图层

③ 按 Ctrl+J 快捷键再复制出"背景 拷贝 2"图层，并设置图层混合模式为"滤色"，设置"不透明度"为 30%，如图 14-5 所示。按 Ctrl+E 快捷键向下合并图层。

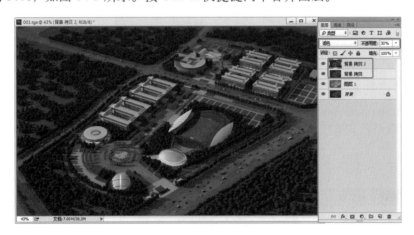

图 14-5 设置图层属性

提 示

在激活 ▶ (移动工具)时，按键盘上的数字键可以改变图层的"不透明度"数值。

④ 选择导入的通道图层，按 W 键激活 (魔棒工具)，选择 4 个亮顶区域(需要加选时，可以按住 Shift 键加选选区即可)，如图 14-6 所示。

图 14-6　创建选区

⑤ 选中"背景 拷贝 2"图层，按 Ctrl+J 快捷键将选区中的图像复制到新的图层中，按 L 键激活❤（多边形套索工具），选中 4 个亮顶在内的区域，按 Ctrl+Shift+I 快捷键进行反选，然后按 Delete 键将不纯的选区删除，如图 14-7 所示。

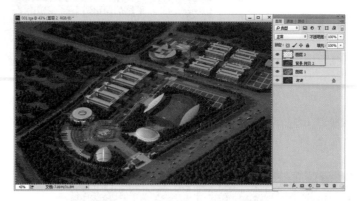

图 14-7　复制选区并处理选区

⑥ 双击"图层 2"图层，将其命名为"亮顶"。按 Ctrl+D 快捷键取消选区的选择，再选中如图 14-8 所示的区域，按 Ctrl+L 快捷键使用"色阶"命令增强对比；按 Ctrl+M 快捷键使用"曲线"命令提亮选区。

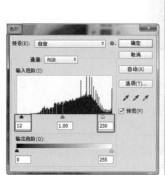
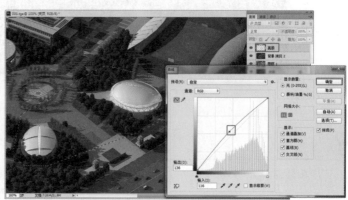

图 14-8　调整色阶和曲线

⑦ 使用同样方法分别调整另外两个亮顶，如图 14-9 所示。

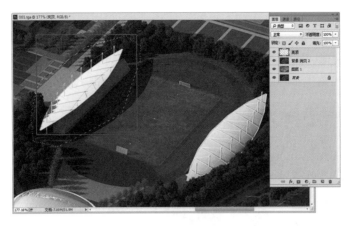

图 14-9　调整亮顶

⑧ 使用通道图层选择玻璃选区，选中"背景 拷贝 2"图层，按 Ctrl+J 快捷键复制图像到新的图层中，并将其命名为"玻璃"。按 Ctrl+L 快捷键使用"色阶"命令增强对比；按 Ctrl+M 快捷键使用"曲线"命令提亮选区，如图 14-10 所示。

图 14-10　调整玻璃色调效果

⑨ 使用通道图层选择所有顶部区域，选中"背景 拷贝 2"图层，按 Ctrl+J 快捷键复制图像到新的图层中，并将其命名为"顶面"。按 Ctrl+M 快捷键使用"曲线"命令提亮选区；按 Ctrl+L 快捷键使用"色阶"命令增强对比，如图 14-11 所示。

图 14-11　调整顶部区域色调效果

⑩ 使用通道图层选择所有大理石地面，选中"背景 拷贝 2"图层，按 Ctrl+J 快捷键复制图像到新的图层中，并将其命名为"大理石地面"。按 Ctrl+M 快捷键使用"曲线"命令提亮选区；按 Ctrl+B 快捷键，在弹出的"色彩平衡"对话框中选择"色调平衡"为"高光"，为亮部增加洋红色，再选择"色调平衡"为"阴影"，为暗部阴影加点青色，如图 14-12 所示。

图 14-12 设置色彩平衡

⑪ 使用通道图层选择水面选区，选中"背景 拷贝 2"图层，按 Ctrl+J 快捷键复制图像到新的图层中，并将其命名为"水面"。按 Ctrl+L 快捷键使用"色阶"命令增强对比，如图 14-13 所示。

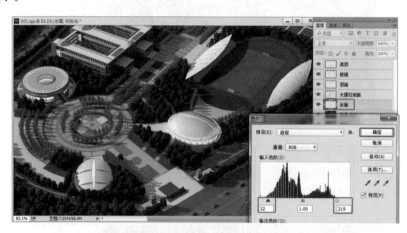

图 14-13 调整色阶

⑫ 按 Ctrl+J 快捷键复制图像到新的图层中，按住 Ctrl 键单击"水面"图层缩览图，将图像载入选区。按 Shift+F6 快捷键，在弹出的"羽化选区"对话框中，设置合适的羽化半径，如图 14-14 所示。

⑬ 按 Delete 键将选区中的图像删除，按 Ctrl+D 快捷键取消选区的选择，然后设置图层混合模式为"颜色减淡"。按 Ctrl+M 快捷键使用"曲线"命令提亮选区，如图 14-15 所示。

⑭ 使用通道图层选择楼体的橘红色墙体选区，选中"背景 拷贝 2"图层，按 Ctrl+J 快捷键复制图像到新的图层中，并将其命名为"红墙"。按 Ctrl+L 快捷键使用"色阶"命令增强对比；按 Ctrl+M 快捷键使用"曲线"命令提亮选区，如图 14-16 所示。

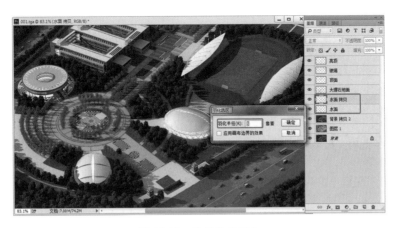

图 14-14　设置选区羽化

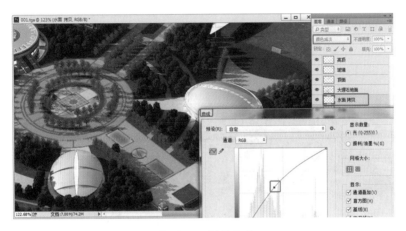

图 14-15　调整曲线

图 14-16　调整红墙色调效果

⑮ 使用通道图层选择草地选区，选中"背景 拷贝 2"图层，按 Ctrl+J 快捷键复制图像到新的图层中，并将其命名为"草地"。按 Ctrl+L 快捷键使用"色阶"命令增强对比和提亮；按 Ctrl+B 快捷键使用"色彩平衡"命令的"高光"调整颜色，如图 14-17 所示。

图 14-17　设置色彩平衡

⑯ 使用通道图层选择小树选区，选中"背景 拷贝 2"图层，按 Ctrl+J 快捷键复制图像
到新的图层中，并将其命名为"小树"。按 Ctrl+L 快捷键使用"色阶"命令增强对比；按
Ctrl+M 快捷键使用"曲线"命令提亮；按 Ctrl+B 快捷键使用"色彩平衡"命令的"高光"
调整颜色，如图 14-18 所示。

图 14-18　调整小树选区

⑰ 使用通道图层选择行道树和景观树选区，选中"背景 拷贝 2"图层，按 Ctrl+J 快捷
键复制图像到新的图层中，并将其命名为"行道、景观树"。按 Ctrl+L 快捷键使用"色阶"
命令增强对比；按 Ctrl+M 快捷键，使用"曲线"命令提亮；按 Ctrl+B 快捷键使用"色彩平衡"
命令的"高光"调整颜色，调整后的效果如图 14-19 所示。

提示

> 为了区分行道树和景观树，可以将行道树稍微提亮。可以使用"多边形套索工
> 具"选择两棵或多棵景观树，将其颜色修改，与其他树有所区别，随机在画面中点缀，
> 使其不单调。

⑱ 使用通道图层选择马路中间的所有选区，选中"背景 拷贝 2"图层，按 Ctrl+J 快捷
键复制图像到新的图层中，并将其命名为"中间马路"。按 Ctrl+L 快捷键使用"色阶"命令

增强对比和提亮；按 Ctrl+B 快捷键使用"色彩平衡"命令的"中间调"调整颜色，调整后的效果如图 14-20 所示。

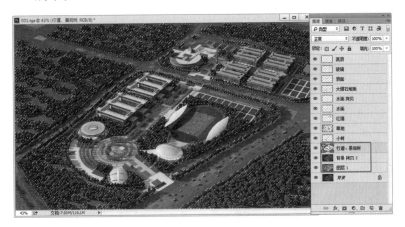

图 14-19　调整行道树和景观树选区

图 14-20　设置色彩平衡

⑲ 使用"多边形套索工具"选择如图 14-21 所示的区域，按 Delete 键将选区中的图像删除，按 Ctrl+D 快捷键取消选区的选择。

图 14-21　删除选区图像

⑳ 使用通道图层选择中间马路两边的马路选区，选中"背景 拷贝 2"图层，按 Ctrl+J
快捷键复制图像到新的图层中，并将其命名为"两边马路"。按 Ctrl+L 快捷键使用"色阶"
命令增强对比和提亮；按 Ctrl+B 快捷键使用"色彩平衡"命令的"中间调"调整颜色，如
图 14-22 所示。

图 14-22 设置色彩平衡

14.3 添加装饰素材

接下来为鸟瞰图像添加装饰素材，包括人物、喷泉、车流线等。

① 选择菜单栏中的"文件"|"打开"命令，打开随书附带光盘中的"素材文件\第 14 章
\人群 1.psd、人群 2.psd 和人群 - 足球 .psd"3 个文件，如图 14-23 所示。

② 分别将 3 个文件中的人物素材拖曳到效果图中，并调整其合适的位置，如图 14-24
所示。

图 14-23 选择素材文件

图 14-24 添加素材到效果图

 提 示

在拖入"人群 1"文件中的人物时，人物的大小需使用"自由变换"命令调整大小，
使用"多边形套索工具"或"矩形选框工具"选择区域人群，再微调位置。

③ 选择菜单栏中的"文件"|"打开"命令，打开随书附带光盘中的"素材文件\第 14 章
\喷泉 .psd"文件，如图 14-25 所示。

④ 将喷泉素材拖曳到效果图中，将该图层混合模式设置为"滤色"。按 Ctrl+T 快捷键
使用"自由变换"命令调整大小，按 V 键激活"移动工具"，按住 Alt 键移动复制喷泉图像，
如图 14-26 所示。在"图层"面板中单击选择第一个喷泉，再按住 Shift 键单击最后一个喷泉，
选择所有喷泉图层，按 Ctrl+E 快捷键合并图层。

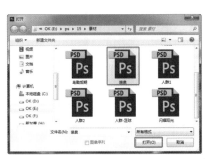

图 14-25　选择素材文件　　　　　　　　　图 14-26　添加并复制喷泉

⑤ 选择菜单栏中的"文件"|"打开"命令，打开随书附带光盘中的"素材文件\第 14 章
\车流线 .psd"文件，如图 14-27 所示。

⑥ 选中"红车流"图层，将图像拖曳到效果图中，会自动生成新的图层，并将其命名为"红
车流"，设置其图层混合模式为"滤色"。按 Ctrl+T 快捷键使用"自由变换"命令调整大小
和方向，如图 14-28 所示。

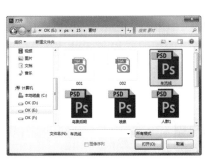

图 14-27　选择素材文件　　　　　　　　　图 14-28　调整流线的自由变换

⑦ 选择菜单栏中的"滤镜"|"扭曲"|"切变"命令，如图 14-29 所示。

⑧ 在弹出的"切变"对话框中单击调整曲线，如图 14-30 所示。

提示

　　如果切变效果不理想，可切变多次，方法是选择菜单栏中的"滤镜"|"上次滤
镜操作"命令即可，快捷键为 Ctrl+F。

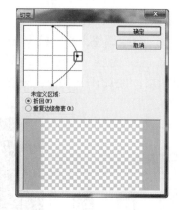

图 14-29 选择"切变"命令   图 14-30 调整扭曲

⑨ 使用移动复制法复制出一条车流线,按Ctrl+U快捷键使用"色相/饱和度"命令中的"色相"调整颜色,如图 14-31 所示。

图 14-31 设置色相/饱和度

⑩ 选择两条车流线,按 Ctrl+E 快捷键合并图层,并设置图层混合模式为"滤色"。按 Ctrl+J 快捷键复制图像到新的图层中,按 Ctrl+T 快捷键使用"自由变换"命令调整图像的角度和方向,如图 14-32 所示。

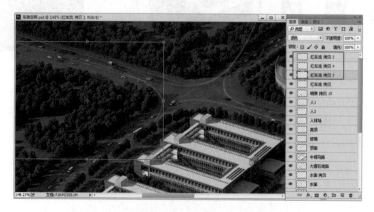

图 14-32 调整车流线

⓫ 将路口车流线进行图层合并，然后将合并后图层混合模式设置为"滤色"。按 E 键
激活 （橡皮擦工具），在工具选项栏中选择一种柔边笔刷，使用【、】键控制笔刷大小，
使用数字键调整"不透明度"数值，将不需要的区域擦除，效果如图 14-33 所示。

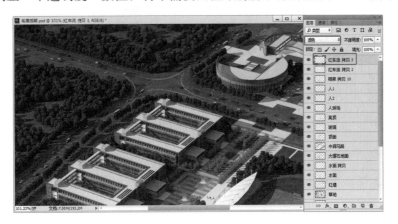

图 14-33　擦除不需要的车流线

技 巧

　　如果感觉车流线不够亮，可以再复制出一个图层，并设置合适的"不透明度"，
或者按 Ctrl+M 快捷键使用"曲线"命令提亮。

⓬ 再次导入车流线，并按 Ctrl+T 快捷键使用"自由变换"命令调整图像的大小和形状，
如图 14-34 所示。

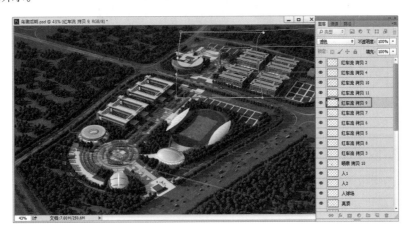

图 14-34　导入并调整车流线

技 巧

　　有些道路并不都是笔直的，如果使用"切变"命令不好控制弯曲的位置，此时
需要在工具选项栏中单击 （在自由变换和变形模式之间切换）按钮，使用变形模
式调整。

⑬复制并调整完成后的车流线效果如图 14-35 所示。选择所有车流线图层并进行合并，然后设置合并后图层混合模式设置为"滤色"。

图 14-35　复制并调整后的车流线

⑭按 Ctrl+J 快捷键复制图像到新的图层中，设置合适的"不透明度"，如图 14-36 所示。

图 14-36　复制并设置图层属性

14.4　添加光晕和晕影

接下来为鸟瞰效果图添加一些光晕和晕影。

❶在工具箱中单击"前景色"图标，在弹出的"拾色器（前景色）"对话框中将其设置为黑色，如图 14-37 所示。

❷按 G 键激活■（渐变工具），在工具选项栏中单击▬▬▬▬▬□（点按可编辑渐变）按钮，弹出"渐变编辑器"对话框，选择渐变类型为"前景色到透明渐变"，如图 14-38 所示。

❸单击"图层"面板底部■（创建新图层）按钮，创建一个新的空白图层。然后在图像左上角拖拉渐变，设置图层的"不透明度"为 20%，将左上角压暗，如图 14-39 所示。

❹选择菜单栏中的"文件"|"打开"命令，打开随书附带光盘中的"素材文件 \ 第 14 章 \ 阳光 01.psd"文件，如图 14-40 所示。

图 14-37　设置前景色

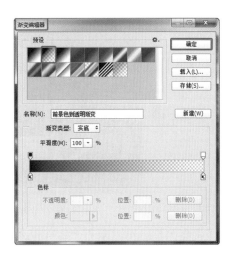

图 14-38　设置渐变

图 14-39　新建并设置图层属性

⑤ 将素材图像拖曳到效果图中，设置图层混合模式为"滤色"，并调整图像的大小和位置，如图 14-41 所示。

图 14-40　选择素材文件

图 14-41　调整素材图像

⑥ 单击"图层"面板底部的 ▣（创建新图层）按钮，创建一个新的空白图层。设置前景色为橙黄色，按 G 键激活 ▣（渐变工具），由左上至右下拖拉渐变，如图 14-42 所示。

图 14-42　填充渐变

⑦ 选择图层混合模式为"颜色减淡"，设置合适的"不透明度"，如图 14-43 所示。

图 14-43　设置图层属性

⑧ 在"拾色器（前景色）"对话框中设置前景色为棕色，如图 14-44 所示。

⑨ 单击"图层"面板底部的 ▣（创建新图层）按钮，创建一个新的空白图层。按 Alt+Delete 快捷键填充前景色，选择图层混合模式为"叠加"，设置合适的"不透明度"，为整个画面涂色，如图 14-45 所示。

图 14-44　设置前景色　　　　　　　　图 14-45　创建并填充图层

⑩ 在"拾色器（前景色）"对话框中设置前景色为洋红色，如图 14-46 所示。

⑪ 单击"图层"面板底部的 ▣（创建新图层）按钮，创建一个新的空白图层。拖拉渐变作为黄昏阳光的补光，设置图层混合模式为"颜色减淡"，设置合适的"不透明度"，如

图 14-47 所示。

图 14-46 设置前景色

图 14-47 创建并填充图层

⑫ 在"拾色器（前景色）"对话框中设置前景色为灰棕色，如图 14-48 所示。

⑬ 单击"图层"面板底部的 ▣（创建新图层）按钮，创建一个新的空白图层。拉渐变作为黄昏阳光的光线，按 E 键激活 ✐（橡皮擦工具），设置合适的"不透明度"，使用柔边笔刷擦除上边和底边的部分，使光线来自阳光方向，如图 14-49 所示。

图 14-48 设置前景色

图 14-49 创建并填充图层

⑭ 设置图层混合模式为"颜色减淡"，按 Ctrl+J 快捷键复制图像到新的图层中，根据画面需求设置合适的"不透明度"，如图 14-50 所示。

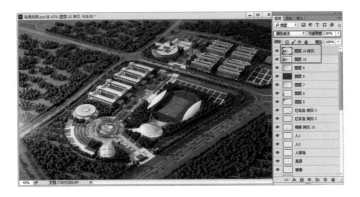

图 14-50 设置图层属性

⑮ 在"拾色器（前景色）"对话框中设置前景色为淡黄棕色，如图 14-51 所示。

⑯ 单击"图层"面板底部的▣（创建新图层）按钮，创建一个新的空白图层。按 G 键激活▣（渐变工具），从左至右拖拉渐变，按 E 键激活✐（橡皮擦工具），擦除左侧树林和中间区域以外的部分，设置图层混合模式为"颜色减淡"，设置合适的"不透明度"，如图 14-52 所示。

图 14-51　设置前景色

图 14-52　新建并填充颜色

⑰ 在"拾色器（前景色）"对话框中设置前景色为蓝色，如图 14-53 所示。

⑱ 单击"图层"面板底部的▣（创建新图层）按钮，创建一个新的空白图层。按 G 键激活▣（渐变工具），从右至左拖拉渐变，设置图层混合模式为"叠加"，设置合适的"不透明度"，如图 14-54 所示。

图 14-53　设置前景色

图 14-54　新建并填充蓝色渐变

⑲ 单击"图层"面板底部的▣（创建新图层）按钮，创建一个新的空白图层。从上至下拖拉渐变作为雾效，设置图层混合模式为"滤色"，设置合适的"不透明度"，如图 14-55 所示。

⑳ 单击"图层"面板底部的◉（创建新的填充或调整图层）按钮，在弹出的下拉菜单中选择"色彩平衡"命令，稍微调整一下整体色彩，如图 14-56 所示。

㉑ 再次单击"图层"面板底部的◉（创建新的填充或调整图层）按钮，在弹出的下拉菜单中选择"色阶"命令，稍微加强整体对比，如图 14-57 所示。

㉒ 单击"图层"面板底部的▣（添加图层蒙版）按钮，为"色阶 1"图层添加图层蒙版，然后选择蒙版，按 B 键激活✐（画笔工具），按 D 键重置"前景色/背景色"，调整画笔合适的大小，将右侧不需要的区域使用画笔涂上黑色，如图 14-58 所示。

图 14-55　新建并填充渐变

图 14-56　设置色彩平衡

图 14-57　设置色阶

图 14-58　使用画笔涂上黑色

㉓ 选择随书附带光盘中的"素材文件\第14章\闪耀阳光.psd"文件,将打开的图像拖曳到效果图中,按Ctrl+T快捷键使用"自由变换"命令调整图像大小,并将其移动到球场下方的玻璃亮顶上,如图14-59所示。

图14-59　调整光效果

㉔ 确定前景色为黑色,单击"图层"面板底部的 ▣(创建新图层)按钮,创建一个新的空白图层。按G键激活 ▣(渐变工具),从下至上拖拉渐变,设置合适的"不透明度",将前景压暗,如图14-60所示。

图14-60　创建并填充渐变

14.5　调整最终效果

最后调整鸟瞰效果图,其中主要盖印两个图层并设置图层的"高反差保留",然后设置图层混合模式。

① 按Ctrl+Alt+Shift+E快捷键盖印可见图像到新的图层中,设置图层混合模式为"柔光",设置合适的"不透明度",如图14-61所示。

② 按Ctrl+Alt+Shift+E快捷键再次盖印图层,然后选择菜单栏中的"滤镜"|"其他"|"高反差保留"命令,在弹出的"高反差保留"对话框中设置"半径"为1.2像素,如图14-62所示。

③ 接着设置图层混合模式为"叠加",设置合适的"不透明度",如图14-63所示。

图 14-61　盖印并设置图层属性

图 14-62　设置高反差保留

图 14-63　设置图层属性

(4) 此时发现左侧画面较亮，在工具箱中双击▣（以快速蒙板模版编辑）按钮，在弹出的"快速蒙版选项"对话框中选中"所选区域"单选按钮，为红色快速蒙版区域，如图 14-64 所示。

(5) 按 Ctrl+Alt+Shift+E 快捷键盖印图层，按住 Ctrl 键单击图层缩览图选择选区，按 Q 键进入快速蒙版，如图 14-65 所示。

图 14-64　以快速蒙版模式编辑　　　　　　图 14-65　进入蒙版模式

⑥ 按 G 键激活■（渐变工具），在工具选项栏中单击■■■■■（点按可编辑渐变）按钮，弹出"渐变编辑器"对话框，选择渐变类型为"前景色到背景色渐变"，从左至右拖拉渐变。按 Q 键退出快速蒙版，如图 14-66 所示。

图 14-66　设置蒙版渐变

⑦ 按 Ctrl+U 快捷键，在弹出的"色相/饱和度"对话框中，降低合适的"明度"，这样既降低了亮度，又使饱和度不会发生变化，如图 14-67 所示。

图 14-67　设置明度

技巧

如果带有选区边框不便于观察，可以按 Ctrl+H 快捷键隐藏外框显示，在调整完成后再显示出来，按 Ctrl+D 快捷键取消选区的选择即可。

⑧ 按 Ctrl+Alt+Shift+E 快捷键盖印图层，按 Ctrl+M 快捷键使用"曲线"命令压暗图像。按 E 键激活◢（橡皮擦工具），将笔刷调大，擦除中间区域，设置图层混合模式为"正片叠底"，设置合适的"不透明度"，如图 14-68 所示。

图 14-68　盖印并调整图像

14.6　小结

本章讲述了一个鸟瞰效果图的较为完整的后期处理，其中主要介绍如何调整建筑的局部色调，通过调整局部色调来协调整体效果，并介绍如何添加各装饰素材（如人物和汽车流光）及如何根据天气和气候制作效果图的渐变晕影等光效。希望读者通过对本章的学习能够开拓思路，在实际的操作中制作出自己满意的鸟瞰作品。

第 15 章
室内彩色平面图的制作

本章介绍室内彩色平面图的制作。彩色平面图是根据实际尺寸的比例和布置对空间的一种表现，平面效果图是建筑或景观设置建成后的模拟景象，让人可以直接看到建成后的效果。

课堂学习目标

- 调整输出图像
- 填充地板
- 添加素材图像
- 添加标注
- 添加楼梯

15.1 室内彩色平面图的制作构思

本章介绍制作别墅二层的室内彩色平面图，平面图主要是通过以平面的方式来显示各个空间的功能和效果。其中最主要的是根据图纸的比例来通过理想的构思以及通过添加素材的方式进行实现。如图 15-1 所示为制作完成的室内彩色平面图。

图 15-1　彩色平面图

15.2 调整输出图像

下面介绍如何将 CAD 图纸输出为图像。

① 运行 AutoCAD 软件，选择随书附带光盘中的"素材文件 \ 第 15 章 \ 别墅装修方案 .dwg"文件，打开的图像如图 15-2 所示。

② 将不需要的图像删除，只保留如图 15-3 所示的图像。

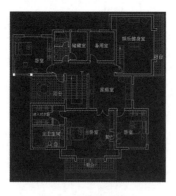
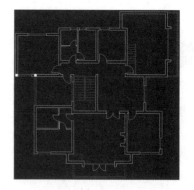

图 15-2　图纸文件　　　　图 15-3　删除图形

选择菜单栏中的"文件"|"输出"命令，在弹出的对话框中选择一个存储路径，为文件命名，并选择格式为 .bmp，输出图像文件。

③ 运行 Photoshop 软件，打开输出的图像，使用 ⊄（裁剪工具）裁剪出需要的图像区域，如图 15-4 所示。

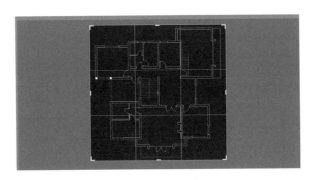

图 15-4　裁剪图像

④ 按 Ctrl+I 快捷键，设置图像的反相效果，如图 15-5 所示。

⑤ 使用 ✨（魔棒工具）在场景中选择墙体区域，如图 15-6 所示。

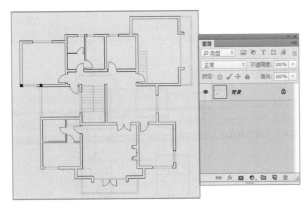

图 15-5　设置反相效果

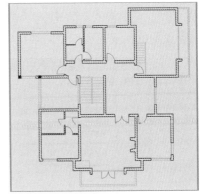

图 15-6　创建墙体选区

⑥ 单击"图层"面板底部的 🔲（创建新图层）按钮，新建"图层 1"图层，如图 15-7 所示。

⑦ 确定选区处于选择状态，按 D 键恢复背景色和前景色，并按 Alt+Delete 快捷键，填充选区为黑色，如图 15-8 所示。

图 15-7　新建图层

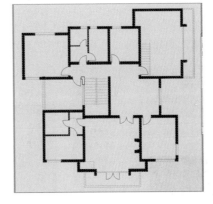

图 15-8　填充选区为黑色

⑧ 选中"背景"图层，使用 ▣（矩形选框工具）选择窗户和推拉门区域，如图 15-9 所示。

⑨ 选中"背景"图层，按 Ctrl+J 快捷键，复制选区中的图像到新的"图层 2"图层中，如图 15-10 所示。

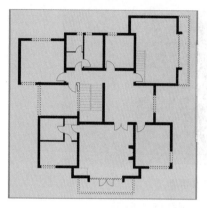

图 15-9 创建选区　　　　　　　　　　图 15-10 复制新图层

⑩ 按 Ctrl+U 快捷键，在弹出的"色相/饱和度"对话框中选中"着色"复选框，设置"色相"为 207、"饱和度"为 41、"明度"为 -6，如图 15-11 所示。

⑪ 设置色相及饱和度后的推拉门和窗户颜色效果如图 15-12 所示。

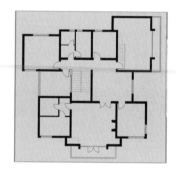

图 15-11 设置色相/饱和度　　　　图 15-12 调整推拉门和窗户的效果

⑫ 在"图层"面板中选中"背景"图层，选择菜单栏中的"选择"|"色彩范围"命令，在弹出的"色彩范围"对话框中使用吸管工具吸取门的颜色，设置"颜色容差"为 200，如图 15-13 所示。

⑬ 创建门图形颜色选区后，按 Ctrl+J 快捷键，复制图像到新的"图层 3"图层中。按 Ctrl+U 快捷键，在弹出的"色相/饱和度"对话框中设置"明度"为 -100，如图 15-14 所示。

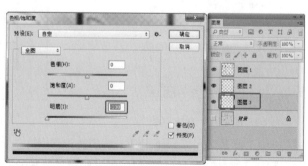

图 15-13 选择色彩范围　　　　　　图 15-14 复制图层并设置明度

⑭ 隐藏"背景"图层，可以看到墙体、窗框和门框，如图 15-15 所示。

⑮ 使用 ▣ (矩形选框工具) 选择门框图形，并调整门框的大小至合适的效果，如图 15-16 所示。

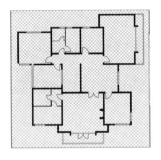
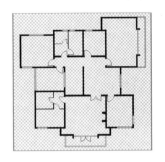

图 15-15　显示调整后的效果　　　　图 15-16　调整门框大小

15.3 填充地板

接下来将通过创建选区，复制图像到彩色平面图中，删除不需要的区域，制作出地板。

① 选择随书附带光盘中的"素材文件 \ 第 15 章 \as2_wood_19c.jpg"文件，打开的图像如图 15-17 所示。

② 将素材图像拖曳到效果图中，按 Ctrl+T 快捷键，打开自由变换控制框，在场景中调整图像的大小，如图 15-18 所示。

③ 在"图层"面板中为各个图层命名，如图 15-19 所示。

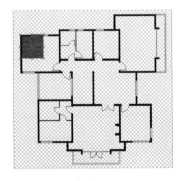

图 15-17　素材图像文件　　　图 15-18　拖入后的效果　　　图 15-19　命名图层

④ 选中"木地板"图层，按住 Alt 键，移动复制木地板，如图 15-20 所示。

⑤ 在"图层"面板中，按住 Ctrl 键选择所有的木地板图层，按 Ctrl+E 快捷键，合并选择的图层，如图 15-21 所示。

⑥ 使用 ▣ (矩形选框工具) 框选作为室内木地板区域，按 Ctrl+Shift+I 快捷键，反选不需要的区域，然后按 Delete 快捷键，删除反选图像区域，如图 15-22 所示。

⑦ 选中木地板图层，按 Ctrl+B 快捷键，在弹出的"色彩平衡"对话框中设置参数 +34、+22、0，如图 15-23 所示。

⑧ 选择随书附带光盘中的"素材文件 \ 第 15 章 \ph_026.jpg"文件，打开的图像如图 15-24 所示。

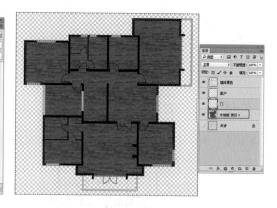

图 15-20　复制木地板　　　图 15-21　合并图层　　　　　图 15-22　删除不需要的图像

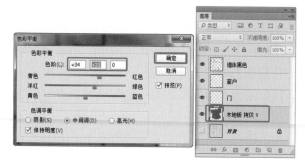

图 15-23　设置色彩平衡　　　　　　　　图 15-24　素材图像文件

9　将素材图像拖曳到效果图中，按住 Alt 键，移动复制素材图像，如图 15-25 所示。将该图像作为阳台地板。

10　使用 （矩形选框工具）选择阳台地面区域，按 Ctrl+Shift+I 快捷键，反选不需要的区域，然后按 Delete 键，删除反选图像区域。将阳台地板图层合并为一个图层，并单击"图层"面板底部的 ◻（添加图层蒙版）按钮，为图层添加蒙版，如图 15-26 和图 15-27 所示。

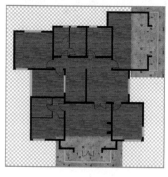
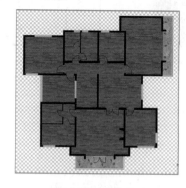

图 15-25　复制素材图像　　　　图 15-26　阳台地面　　　　图 15-27　添加蒙版

11　选中阳台地面图层，按 Ctrl+M 快捷键，在弹出的"曲线"对话框中调整曲线，如图 15-28 所示。

12　使用同样的方法添加大阳台地面，效果如图 15-29 所示。

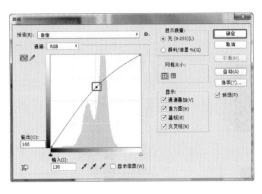

图 15-28　调整曲线

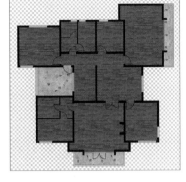

图 15-29　阳台地面效果

⓭ 选择随书附带光盘中的"素材文件 \ 第 15 章 \ 仿古 016.jpg"文件，打开的图像如图 15-30 所示。

⓮ 按 Ctrl+L 快捷键，在弹出的"色阶"对话框中设置参数为 0、1.23、227，如图 15-31 所示。

⓯ 将素材图像拖曳到效果图中，调整图像的大小，作为卫生间地面，如图 15-32 所示。

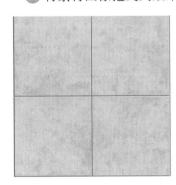

图 15-30　素材图像文件

图 15-31　设置色阶

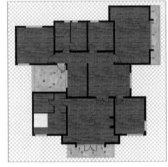

图 15-32　添加素材图像

⓰ 按住 Alt 键，移动复制地面素材图像，然后将卫生间地面图层合并为一个图层，并单击"图层"面板底部的■（添加图层蒙版）按钮，创建图层蒙版，如图 15-33 所示。

⓱ 调整"卫生间"图层的位置，如图 15-34 所示。

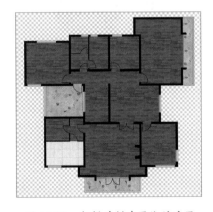

图 15-33　复制并创建图像的遮罩

图 15-34　图层位置

⓲ 使用同样的方法添加另一个卫生间地面，效果如图 15-35 所示。

⑲ 选择所有作为地面的图层，单击"图层"面板底部的 ▢（创建新组）按钮，将选择的图层放置到图层组中，如图 15-36 所示。

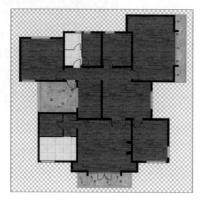

图 15-35　添加另一个卫生间地面

图 15-36　创建图层组

15.4　添加素材图像

① 选择随书附带光盘中的"素材文件 \ 第 15 章 \ 素材 .psd"文件，打开的图像如图 15-37 所示。

② 在需要的素材上右击，选择相应的图层，将其拖曳到效果图中，调整素材的大小，如图 15-38 所示。

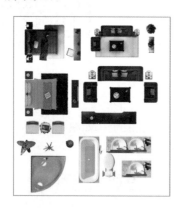

图 15-37　素材图像文件

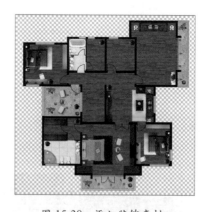

图 15-38　添加装饰素材

> 添加素材的过程无非是调整素材的大小和角度，读者通过对前面章节的学习，应该对调整素材已经很熟悉了，这里就不一一介绍了。

③ 选择添加到效果图中的素材图层，将其放置到一个图层组中，如图 15-39 所示。这样可以方便以后的管理。

④ 双击图层组"组 1"，在弹出的"图层样式"对话框中

图 15-39　将素材放置到图层组中

选中"投影"选项,设置"不透明度"为100%,设置"角度"为0度,设置"距离"为4像素、"扩展"为0%、"大小"为10像素,如图15-40所示。设置投影后的装饰素材效果如图15-41所示。

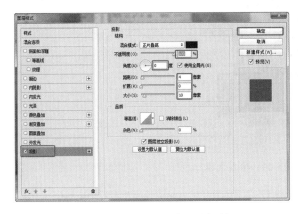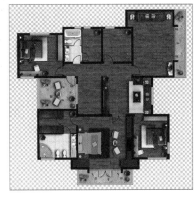

图 15-40　设置图层组的投影　　　　　　　　图 15-41　投影效果

⑤ 双击"门"图层,在弹出的"图层样式"对话框中选中"投影"选项,设置"不透明度"为100%,设置"角度"为0度,设置"距离"为0像素、"扩展"为5%、"大小"为3像素,如图15-42所示。设置投影后的门效果如图15-43所示。

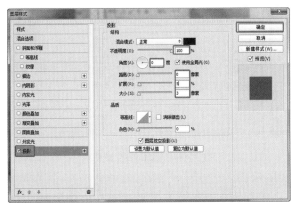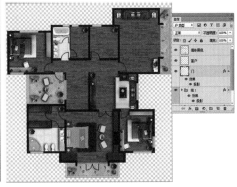

图 15-42　设置门的投影　　　　　　　　图 15-43　投影效果

15.5　添加标注

接下来将使用文字工具为彩色平面图添加文字注释。

① 选择工具箱中的 T.(横排文字工具),参考原始的 CAD 图纸,在效果图中的功能区域单击鼠标,可以看到闪烁的光标,从中输入文本即可,如图15-44所示。

② 在工具选项栏中设置合适的字体、大小和字体颜色,如图15-45所示。

③ 双击文本图层,在弹出的"图层样式"对话框中选中"描边"选项,设置"大小"为3像素、"颜色"为黑色,"位置"为"外部",如图15-46所示。

④ 继续设置文本的图层样式,选中"投影"选项,设置"混合模式"为"正常"、"不透明度"为100%、"角度"为0度、"距离"为8像素、"扩展"为7%、"大小"为13像素,如图15-47所示。

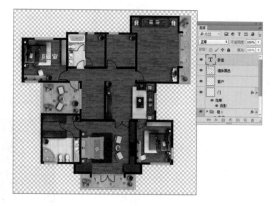

图 15-44　输入文本

图 15-45　设置文本选项

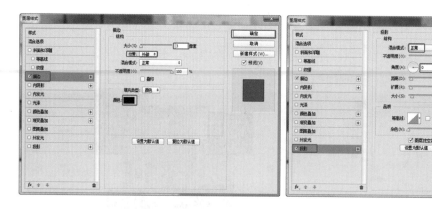

图 15-46　设置描边参数　　　　　　　图 15-47　设置投影参数

⑤ 制作的文本图层样式效果如图 15-48 所示。

⑥ 在"图层"面板中，按住 Ctrl 键选择所有的文本图层，并单击面板底部的 ◻ （创建新组）按钮，将文本图层放置到一个图层组中，设置图层组的"不透明度"为 60%，如图 15-49 所示。

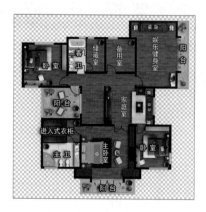 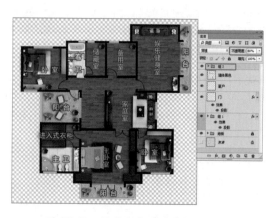

图 15-48　文本的图层样式　　　　　　图 15-49　设置文本的图层组属性

15.6 添加楼梯

最后添加台阶素材，并使用"直线工具"创建箭头，制作出楼梯效果。

1 选择随书附带光盘中的"素材文件 \ 第 15 章 \ 台阶 .psd"文件，打开的图像如图 15-50 所示。

2 将台阶素材拖曳到效果图中，调整图像的位置和大小，如图 15-51 所示。

图 15-50　素材图像文件　　　　图 15-51　添加台阶素材到效果图

3 添加台阶素材后，选择素材图层，按 Ctrl+M 快捷键，在弹出的"曲线"对话框中调整曲线，如图 15-52 所示。

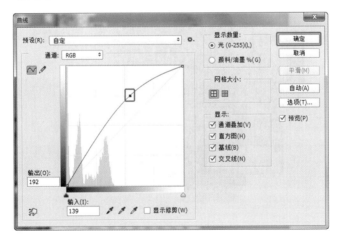

图 15-52　调整曲线

4 在效果图中复制台阶，并在多余的台阶区域创建选区，按 Delete 键，将其删除，如图 15-53 所示。

5 在工具箱中选择 ✐ (直线工具)，如图 15-54 所示。然后到工具选项栏中设置"填充"为白色，设置"描边"为无，设置箭头属性为"终点"、"粗细"为 3 像素，如图 15-55 所示。

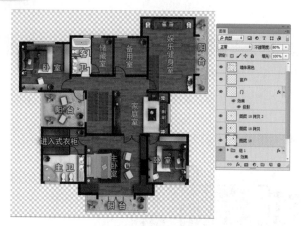

图 15-53　复制并调整台阶素材

图 15-54　选择直线工具

图 15-55　设置直线的选项栏

⑥ 在台阶上创建指示箭头，然后在"图层"面板中选择 3 个箭头图层，按 Ctrl+E 快捷键，将其合并为一个图层，其设置图层的"不透明度"为 70%，如图 15-56 所示。

图 15-56　合并并设置图层

15.7　小结

本章介绍如何根据 CAD 图纸填充拼凑素材图像制作室内彩色平面图效果。通过对本章的学习，希望读者能够使用各种图像来拼凑制作出各种不同的效果。这里读者需要注意的是可以通过不断地练习和制作不同的彩色平面图来收集各种不同的室内平面素材。

第 16 章
平面规划图的制作与表现

本章介绍小区平面规划图的制作。其中主要讲解了一个建筑中不同材质的体现和园杯景观的正确添加以及各地块所表示的含义。在制作过程中，可以熟练识别地块中的建筑、铺装、车位、绿地、园林等区域划分，合理的分配材质及添加素材，组合出完整的平面规划图。

课堂学习目标

- 制作顶部图像
- 填充整体区域
- 优化图像填充
- 添加植物素材

16.1 平面规划图的制作构思

本章讲述的是一个某小区平面规划图的部分制作，其中主要表现整个建筑基地的总体布局，具体表达新建房屋的位置、朝向以及周围环境等基本情况的图像。如图 16-1 所示为平面规划图效果。

图 16-1　平面规划图

16.2 制作顶部图像

下面主要通过添加、复制图像，并调整图像大小后，再通过创建选取设置图像的遮罩或删除不需要的部分区域来完成顶部图像效果。

❶ 运行 Photoshop 软件，选择随书附带光盘中的"素材文件 \ 第 16 章 \ 小区规划图 .tif"文件，打开的图像如图 16-2 所示。

❷ 接着选择随书附带光盘中的"素材文件 \ 第 16 章 \ 瓦片 .jpg"文件，打开的图像如图 16-3 所示。

图 16-2　图纸文件

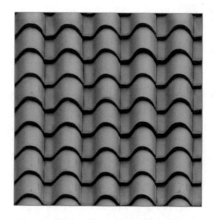

图 16-3　瓦片文件

❸ 将素材图像拖曳到 小区规划图中，按 Ctrl+T 快捷键，打开自由变换控制框，调整图像大小，然后按住 Alt 键移动复制图像多次。到"图层"面板中选择所有复制图像的图层，

按 Ctrl+E 快捷键，将图层进行合并，命名为"屋顶"，如图 16-4 所示。

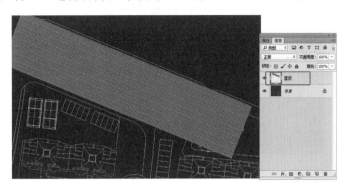

图 16-4　复制图像并合并图层

④ 隐藏"屋顶"图层，选中"背景"图层，使用 ✎（魔棒工具）创建屋顶选区。然后显示并选中"屋顶"图层，单击面板底部的 ▣（添加图层蒙版）按钮，添加选区为蒙版，效果如图 16-5 所示。

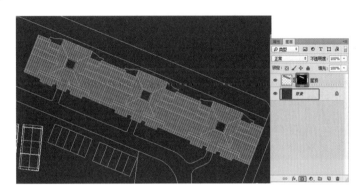

图 16-5　添加图层蒙版

⑤ 继续隐藏"屋顶"图层，创建一个新的"图层 1"图层。然后选中"背景"图层，到小区规划图中分别创建屋顶选区并填充渐变，效果如图 16-6 所示。

⑥ 继续使用 ✎（魔棒工具）创建屋顶选区，并填充渐变，效果如图 16-7 所示。

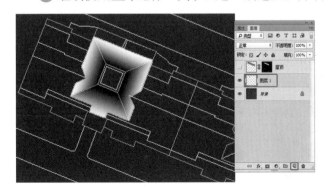

图 16-6　创建图层并填充渐变

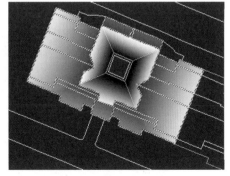

图 16-7　填充渐变

⑦ 取消选区的选择，将"图层 1"图层调整到"屋顶"图层的上方，设置图层混合模式为"柔光"，如图 16-8 所示。

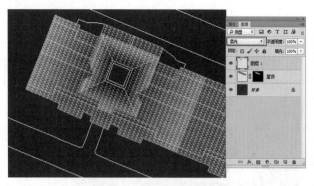

图 16-8　设置图层混合模式

⑧ 接着调整图层的"不透明度"为50%，并按住 Alt 键移动复制混合图像，如图 16-9 所示。

⑨ 在工具箱中单击"前景色"图标，在弹出的"拾色器（背景色）"对话框中设置 RGB 颜色值为 255、249、239，如图 16-10 所示。

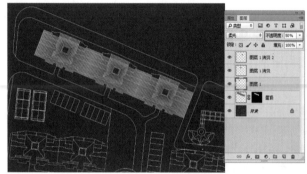

图 16-9　复制图像　　　　　　　　　　　图 16-10　"拾色器（背景色）"对话框

⑩ 选中"背景"图层，使用 （魔棒工具）创建选区。然后创建新的"图层 2"图层并选中，按 Alt+Delete 快捷键，填充前景色，效果如图 16-11 所示。

⑪ 至此，选择所有屋顶图层，单击面板底部的 （创建新组）按钮，创建新组"组 1"，并将所有选择的图层放置到新的图层组中，如图 16-12 所示。

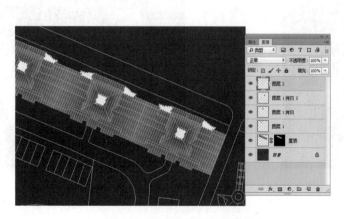

图 16-11　创建选区并填充前景色　　　　　　图 16-12　创建组

⑫ 使用同样的方法制作出其他屋顶的效果，如图 16-13 所示。每一组屋顶图层分别放置到不同的组中，如图 16-14 所示。

⑬ 选择所有的屋顶图层组，单击面板底部的 ▢（创建新组）按钮，创建新组，并命名为"顶"，然后将所有的屋顶组放置到一个图层组中，如图 16-15 所示。

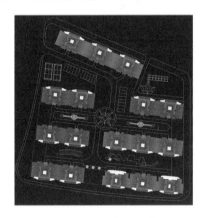

图 16-13　制作屋顶效果　　　　图 16-14　屋顶图层组　　　图 16-15　创建新的图层组

16.3　填充整体区域

本节将介绍通过创建选区，填充图像的草地、路面和河水；通过导入来添加羽毛球场、车位和车素材；使用选区的填充制作出廊架、柱子以及装饰地面等。

16.3.1　填充草地、路面和河水颜色

❶ 单击工具箱中的"前景色"图标，在弹出的"拾色器（前景色）"对话框中设置 RGB 颜色值为 140、221、136，如图 16-16 所示。

❷ 选中"背景"图像，可以对背景中没有闭合的草地区域进行封闭，然后在草地区域创建选区，并填充草地为前景色，如图 16-17 所示。调整草地图层的位置到"顶"图层组的下方。

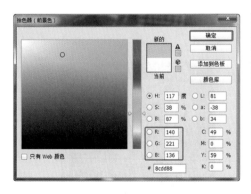

图 16-16　设置前景色　　　　　　图 16-17　创建草地图层并填充颜色

❸ 使用合适的选区工具，在草地图层中删除填充错误的区域。如图 16-18 所示为删除的水区域。

④ 单击工具箱中的"前景色"图标,在弹出的"拾色器(前景色)"对话框中设置RGB
颜色值为85、85、85,如图16-19所示。

图 16-18 删除水区域

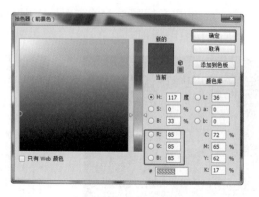

图 16-19 设置前景色

⑤ 选中"背景"图层,在地面的区域创建选区,然后新建一个图层,填充设置的前景色,
如图16-20所示。

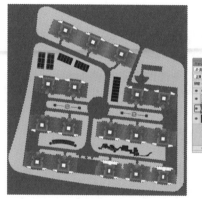

图 16-20 填充地面区域

⑥ 单击工具箱中的"前景色"图标,在弹出的"拾色器(前景色)"对话框中设置RGB
颜色值为175、255、231,如图16-21所示。

⑦ 选中"背景"图层,选择作为河的区域,然后新建一个图层,填充设置的前景色,
如图16-22所示。

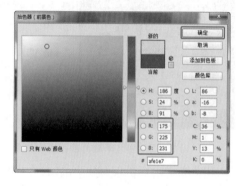

图 16-21 设置前景色

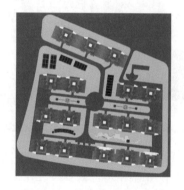

图 16-22 创建并填充河区域

16.3.2 添加羽毛球场和车位

① 选择随书附带光盘中的"素材文件 \ 第 16 章 \ 羽毛球场 .tif"文件，打开的图像如图 16-23 所示。

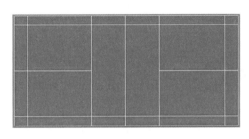

图 16-23 素材图像文件

② 将素材图像拖曳到小区规划图中，按 Ctrl+T 快捷键，打开自由变换控制框，调整图像的大小。接着按住 Alt 键移动复制图像，如图 16-24 所示。

③ 新建一个图层，使用 ⬚ (矩形选框工具) 创建矩形选区，填充选区为黄色；接着在黄色区域内侧创建选区，接 Delete 键删除选区中的图像；最后使用 ⬚ (矩形选框工具) 选取并删除黄色区域为如图 16-25 所示效果。

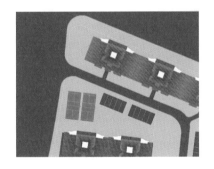

图 16-24 复制图像

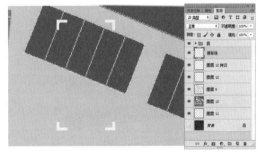

图 16-25 创建路标

④ 按 Ctrl+T 快捷键，打开自由变换控制框，调整图像的大小位置，然后复制多个，并将其放置在如图 16-26 所示的位置。

⑤ 选择随书附带光盘中的"素材文件 \ 第 16 章 \ 汽车 .psd"文件，打开的图像如图 16-27 所示。

图 16-26 复制停车标

图 16-27 素材图像文件

⑥ 在需要的汽车位置上右击，在弹出的下拉菜单中选择相对应的汽车图层，将其拖曳到小区规划图中，并分别调整汽车的大小和位置，摆放后的效果如图 16-28 所示。

⑦ 选中添加后的所有汽车图层，将其放置到一个图层组中，并将其命名为"车"，如图 16-29 所示。

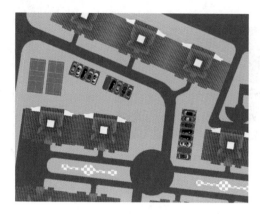

图 16-28　添加汽车素材

图 16-29　创建图层组

16.3.3　制作廊架、柱子以及装饰地面

① 在如图 16-30 所示的区域使用 (椭圆选框工具) 创建椭圆形选区，并新建图层。

② 选择菜单栏中的"编辑"|"填充"命令，在弹出的"填充"对话框中选择合适的填充图案，单击"确定"按钮，如图 16-31 所示。

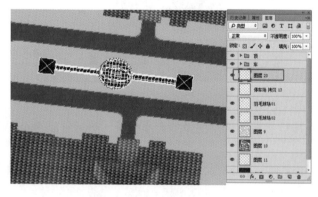

图 16-30　创建椭圆选区

图 16-31　设置填充图案

③ 使用 (多边形套索工具) 根据图纸绘制横梁的选区，并创建新图层。然后使用同样的方法填充图案，如图 16-32 所示。

④ 双击横梁填充的图案图层，在弹出的"图层样式"对话框中选中"斜面和浮雕"选项，设置"深度"为 42%、"大小"为 1 像素，如图 16-33 所示。

⑤ 接着在"图层样式"对话框中选中"投影"选项，设置"不透明度"为 48%、"距离"为 5、"扩展"为 7%、"大小"为 13 像素，如图 16-34 所示。

⑥ 设置图层样式后的图像效果如图 16-35 所示，并调整椭圆填充图层到横梁图层的上方。

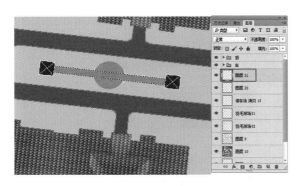

图 16-32　填充选区

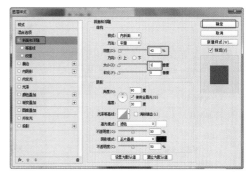

图 16-33　设置斜面和浮雕

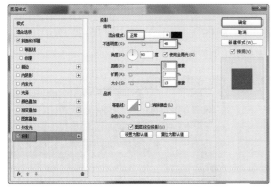

图 16-34　设置投影

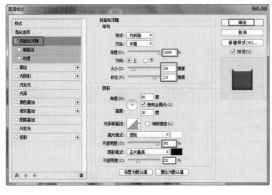

图 16-35　设置图层样式效果

⑦ 双击椭圆填充图层，在弹出的"图层样式"对话框中选中"斜面和浮雕"选项，设置"深度"为 1000%、"大小"为 29 像素、"软化"为 13 像素、"高光模式"的"不透明度"为 92%、"阴影模式"的"不透明度"为 32%，如图 16-36 所示。

⑧ 接着在"图层样式"对话框中选中"投影"选项，设置"不透明度"为 48%，设置"距离"为 5 像素、"扩展"为 7%、"大小"为 13 像素，如图 16-37 所示。

图 16-36　设置斜面和浮雕　　　　　　　　　　图 16-37　设置投影

⑨ 在横梁两端柱子的区域创建选区，并新建图层。选择菜单栏中的"编辑"|"填充"命令，在弹出的"填充"对话框中选择合适的填充图案，如图 16-38 所示。

⑩ 填充图案后，复制横梁的图层样式给两端的柱子，效果如图 16-39 所示。

图 16-38　选择填充图案　　　　　　　　图 16-39　设置柱子的效果

⑪ 选择所有的廊架图层，并将其图层放置到一个新的图层组中，如图 16-40 所示。

⑫ 将其中的一个柱 子复制到水边如图 16-41 所示的位置。

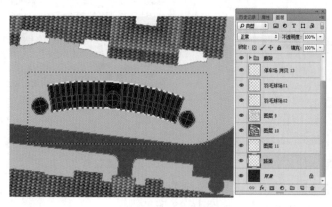

图 16-40　创建廊架图层组　　　　　　　　　图 16-41　复制柱子

⑬ 在"背景"图层的上方创建新图层，并将其命名为"路面"。使用 ▣ (矩形选框工具) 在如图 16-42 所示的廊架位置创建选区。

⑭ 选择菜单栏中的"编辑"|"填充"命令，在弹出的"填充"对话框中选择合适的填充图案，如图 16-43 所示。

图 16-42　创建选区　　　　　　　　　　图 16-43　选择填充图案

⑮ 隐藏"路面"图层，然后选择随书附带光盘中的"素材文件\第16章\as2_wood_19c.jpg"文件，打开的图像如图16-44所示。

⑯ 将木纹素材图像拖曳到小区规划图中，并调整图像的大小，如图16-45所示。

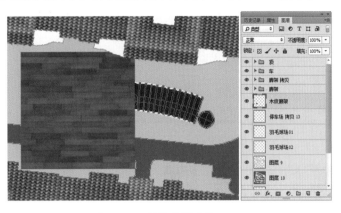

图16-44　素材图像文件　　　　　图16-45　调整素材图像

⑰ 使用选区工具创建并制作出如图16-46所示的廊架基础形状，隐藏不需要的图层，将制作出的廊架图层合并为一个图层。

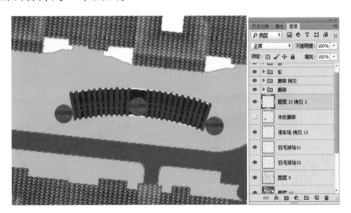

图16-46　制作廊架的基础形状

⑱ 双击作为廊架的图层，在弹出的"图层样式"对话框中选中"斜面和浮雕"选项，设置"深度"为307%、"大小"为1像素、"软化"为0像素、"高光模式"的"不透明度"为59%、"阴影模式"的"不透明度"为76%，如图16-47所示。

⑲ 接着在"图层样式"对话框中选中"投影"选项，设置"混合模式"为"正常"、"不透明度"为48%、"角度"为119度、"距离"为5像素、"扩展"为7%、"大小"为3像素，如图16-48所示，单击"确定"按钮确认即可。

⑳ 使用 （魔棒工具）选择如图16-49所示的选区，然后选择菜单栏中的"编辑"|"填充"命令，在弹出的"填充"对话框中选择一个填充图案，单击"确定"按钮。

㉑ 继续创建选区，填充如图16-50所示的图案。

㉒ 继续创建并填充选区，效果如图16-51所示。

㉓ 使用同样的方法创建另一个铺砖效果，如图16-52所示。

Photoshop CC
效果图后期处理技法剖析

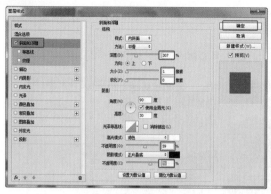

图 16-47 设置斜面和浮雕   图 16-48 设置投影

图 16-49 创建选区并填充图案

图 16-50 创建选区并填充图案

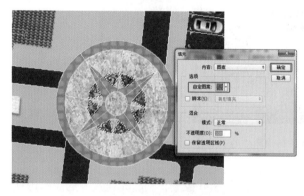

图 16-51 创建选区并填充图案

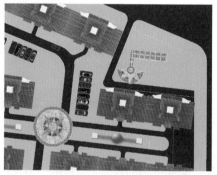

图 16-52 制作铺砖效果

16.4 优化图像填充

接下来将介绍填充草地和制作渐变的水区域，然后再制作出地面效果。

① 按住 Ctrl 键，单击作为水面图层的图层缩览图，将其载入选区，设置渐变为蓝色到白色透明的渐变，并填充水面，效果如图 16-53 所示。

② 双击作为顶建筑的图层组，在弹出的"图层样式"对话框中选中"投影"选项，设置"混合模式"为"正常"、"不透明度"为 88%、"角度"为 119 度、"距离"为 15 像素、"扩展"为 0%、"大小"为 18 像素，如图 16-54 所示。

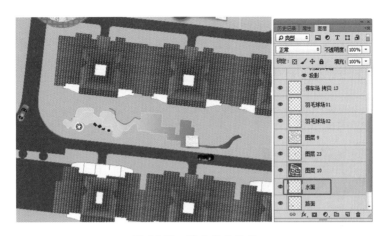

图 16-53　填充水面渐变

③ 双击作为车的图层组，在弹出的"图层样式"对话框中选中"投影"选项，设置"混合模式"为"正常"、"不透明度"为 65%、"角度"为 119 度、"距离"为 7 像素、"扩展"为 0%、"大小"为 4 像素，如图 16-55 所示。

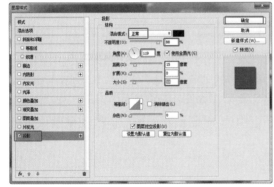

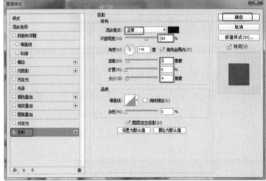

图 16-54　设置顶的投影　　　　　　　　图 16-55　设置车的投影

④ 设置顶部和车辆投影后的效果如图 16-56 所示。

⑤ 选择随书附带光盘中的"素材文件 \ 第 16 章 \Gass.tif"文件，打开的图像如图 16-57 所示。

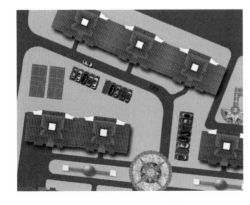

图 16-56　投影后的效果　　　　　　　　图 16-57　草地图像文件

⑥ 将草地素材图像拖曳到小区规划图中，调整素材图像的大小后进行多次复制，使其
覆盖整个小区规划，然后将复制的所有草地图层合并为一个图层。按住 Ctrl 键，单击填充的
草地颜色图层缩览图，将其载入选区，接着选中草地素材图层并进行遮罩，效果如图 16-58
所示。

⑦ 在"图层"面板中选中草地图层，按 Ctrl+M 快捷键，在弹出的"曲线"对话框中调
整曲线的形状，如图 16-59 所示。

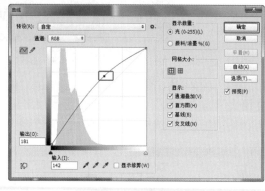

图 16-58　制作草地效果　　　　　　　　　　　　图 16-59　调整图像的曲线

⑧ 载入作为地面图层的选区，然后选择菜单栏中的"选择"|"修改"|"边界"命令，
在弹出的"边界选区"对话框中设置"宽度"为 5 像素，如图 16-60 所示。

⑨ 双击地面图层，在弹出的"图层样式"对话框中选中"斜面和浮雕"选项，使用默认参数，
单击"确定"按钮，如图 16-61 所示。

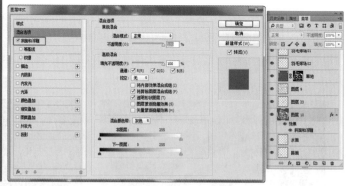

图 16-60　设置选区边界　　　　　　　　　　　　图 16-61　设置斜面和浮雕

⑩ 选中"路面"图层，按 Ctrl+M 快捷键，在弹出的"曲线"对话框中调整曲线的形状，
如图 16-62 所示。

⑪ 选择菜单栏中的"滤镜"|"杂色"|"添加杂色"命令，在弹出的"添加杂色"对话
框中设置"数量"为 3%、选中"高斯分布"选项，选中"单色"复选框，如图 16-63 所示。

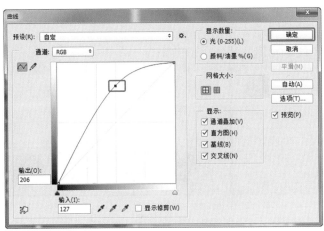

图 16-62　调整曲线　　　　　　　　　图 16-63　设置添加杂色

16.5 添加植物素材

接下来为效果图添加装饰植物素材。通过添加素材并调整素材的大小以及对素材的复制来完成素材的添加。

① 选择随书附带光盘中的"素材文件 \ 第 16 章 \ 植物 .psd"文件，打开的图像如图 16-64 所示。

② 将素材图像拖曳到小区规划图中，并对其进行复制多次，分别调整合适的大小和位置，然后将所有添加的植物图层放置到创建的"植物"图层组中，如图 16-65 所示。

图 16-64　植物素材图像

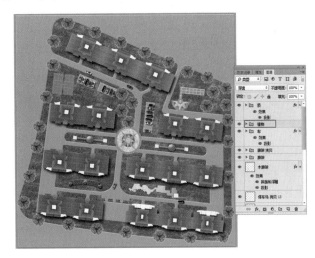

图 16-65　复制植物素材后的效果

③ 双击添加的植物图层组，在弹出的"图层样式"对话框中选中"投影"选项，设置"不透明度"为 97%、"角度"为 119 度、"距离"为 9 像素、"扩展"为 0%、"大小"为 24 像素，如图 16-66 所示。

④ 选择随书附带光盘中的"素材文件 \ 第 16 章 \ 植物 2.psd"文件，打开的图像如图 16-67 所示。

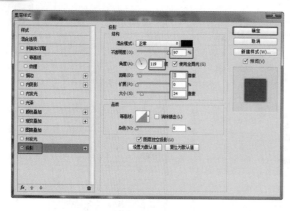

图 16-66　设置投影

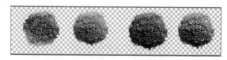

图 16-67　植物素材图像

⑤ 在需要的素材图像上右击，选择需要植物的图层，将其拖曳到小区规划图中并调整大小，并对其进行多次复制，如图 16-68 所示。将所有添加的植物素材图层放置到同一图层组中，命名为"灌木丛"。

⑥ 选择随书附带光盘中的"素材文件 \ 第 16 章 \ 植物 3.psd"文件，打开的图像如图 16-69 所示。

图 16-68　添加植物素材后的效果

图 16-69　植物素材图像

⑦ 继续添加植物，调整植物素材的大小和位置，将素材放置到"灌木丛"图层组中，如图 16-70 所示。

⑧ 双击"灌木丛"图层组，在弹出的"图层样式"对话框中选中"投影"选项，设置"不透明度"为100%、"距离"为3像素、"扩展"为0%、"大小"为7像素，如图 16-71 所示。

⑨ 参照前面章节中制作晕影效果的方法，为小区规划图的周围添加一个白色的晕影，如图 16-72 所示。

⑩ 按 Ctrl+Alt+Shift+E 快捷键，盖印图像到新的图层中，如图 16-73 所示。

⑪ 选中盖印图层，按 Ctrl+M 快捷键，在弹出的"曲线"对话框中调整曲线的形状，如图 16-74 所示。

⑫ 再次盖印一个图层，设置图层混合模式为"柔光"，设置"不透明度"为50%，如图 16-75 所示。

图 16-70　添加植物后的效果

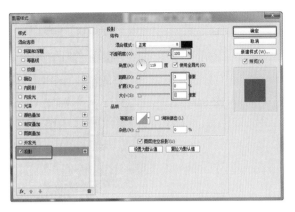

图 16-71　设置投影

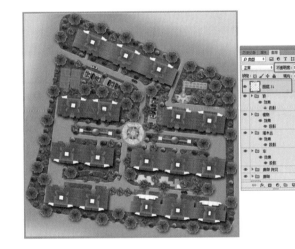

图 16-72　制作白色晕影

图 16-73　盖印图层

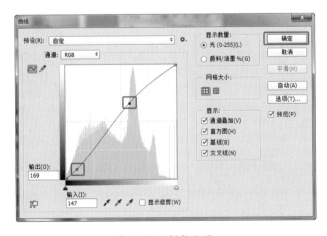

图 16-74　调整曲线

图 16-75　设置图层属性

⑬ 调整完成后的图像最终效果如图 16-76 所示。

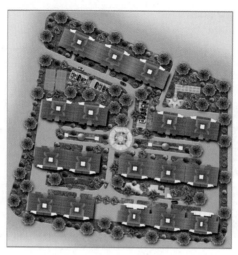

图 16-76　小区规划图最终效果

16.6 小结

　　本章介绍的是某小区平面规划图的部分制作，通过对图像填充、对添加素材的裁剪以及添加各种植物素材，并对各种素材图像的图层样式进行调整来完成平面规划图。通过对本章的学习，希望读者能够学会填充图像、素材裁剪以及图层样式的设置。

第 17 章
效果图的打印与输出

本章介绍打印与输出效果图，其中主要讲解了打印与输出的注意事项以及选项设置。需要注意的是，必须根据方案用途和客户要求设置，因为这是最终展现在纸质文案或宣传广告中的画面，是最直观的表现。

课堂学习目标

- 了解效果图打印与输出的准备工作
- 掌握效果图的打印与输出

17.1 打印与输出的准备工作

打印与输出是制作任何计算机效果图的最后操作，图像在打印与输出之前，都是在计算机屏幕上操作的，根据打印与输出的用途不同而有不同的设置要求。无论是将图像打印到桌面打印机还是将图像发送到印前设备，了解一些有关打印的基础知识都会使工作更加顺利地进行，并有助于确保完成的图像达到预期的效果。

为了确保打印与输出出来的图像和用户要求的一致，打印与输出之前制作者必须弄清楚下面几个事项。

- 制作者必须知道客户需要的最终输出尺寸，根据客户的需求进行制作及设置输出尺寸来制作，掌握合理的渲染精度和尺寸可以避免徒劳的额外劳动力，也尽可能地节省出不必要浪费的时间。

- 对于各种计算机用户而言，打印文件意味着将图像发送到喷墨打印机。Photoshop CC 则可以将图像发送到多种设备，以便直接在纸上打印图像或将图像转换为胶片上的正片或负片图像。在后一种情况中，可使用胶片创建主印版，以便通过机械印刷机印刷。

- 精确设置图像的分辨率。如果对效果图要求不高，输出一般的写真可以设置分辨率为 72 像素 / 英寸；如果用于印刷，则分辨率不能低于 300 像素 / 英寸；如果是用于制作大型户外广告，分辨率低点没关系。

- 如果客户要求印刷，则要考虑印刷品与屏幕色彩的巨大差异。因为屏幕的色彩由 R 红、G 蓝、B 绿三色发光点组成，印刷品由 C 青、M 品红、Y 黄、K 黑四色油墨套色印刷而成。这是两个色彩体系，它们之间总有不兼容的地方，可以在印刷时将图像模式转换为 CMYK，然后进行渲染输出。

17.2 效果图的打印与输出

下面将介绍如何打印与输出。打印与输出需要进行页面设置，即对图像的打印质量、纸张大小、缩放等进行设定。

在默认情况下，Photoshop CC 软件可以打印所有可见的图层或通道，如果只想打印个别的图层或通道，就需在打印之前将所需打印的图层或通道设置为可见。

在进行正式打印与输出之前，必须对其打印结果进行预览。选择菜单栏中的"文件"|"打印"命令，即可弹出"Photoshop 打印设置"对话框，如图 17-1 所示。

在"Photoshop 打印设置"对话框左边的图像框为图像的预览区域，右边为打印参数设置区域，其中包括"位置和大小"、"缩放后的打印尺寸"、"打印机设置"等选项。下面将分别进行介绍。

1. 图像预览区域

在此区域中可以观察图像在打印纸上的打印区域是否合适。

图 17-1　"Photoshop 打印设置"对话框

2. 位置和大小

在"Photoshop 打印设置"对话框的右侧上下拖动滑块可以显示"位置和大小"选项组，用来设置打印图像的位置和大小，如图 17-2 所示。

图 17-2　位置和大小

- 居中：选中此复选框，表示图像将位于打印纸的中央。一般系统会自动选中该选项。
- 顶：表示图像距离打印纸顶边的距离。
- 左：表示图像距离打印纸左边的距离。
- 缩放：表示图像打印的缩放比例。若选中"缩放以适合介质"选项，则表示 Photoshop CC 会自动将图像缩放到合适大小，使图像能满幅打印到纸张上。
- 高度：指打印文件的高度。
- 宽度：指打印文件的宽度。
- 打印选定区域：如果选中该选项，在图像预览区域中会出现控制点，用鼠标拖动控制点，可以直接拖曳调整打印范围。

3. 打印标记

- 角裁剪标志：选中该选项，在要裁剪页面的位置打印裁剪标志，可以在角上打印裁

剪标志，如图 17-3 所示。

图 17-3　角裁剪标志

● 中心裁剪标志：选中该选项，可在要裁剪页面的位置打印裁剪标志，可在每个边的
中心打印裁剪标志，以便对准图像中心，如图 17-4 所示。

图 17-4　中心裁剪标志

● 套准标记：在图像上打印套准标记（包括靶心和星形靶），这些标志主要用于对齐
分色，如图 17-5 所示。

图 17-5　套准标记

- 说明：打印在"文件简介"对话框中输入的任何说明文本(最多约 300 个字符)。将始终采用 9 号 Helvetica 无格式字体打印说明文本。
- 标签：在图像上方打印文件名。如果打印分色，则将分色名称作为标签的一部分打印。

注 意

> 只有当纸张比打印图像大时，才会打印套准标记、裁剪标志和标签。

4. 函数

- 药膜朝下：使文字在药膜朝下(即胶片或相纸上的感光层背对用户)时可读。正常情况下，打印在纸上的图像是药膜朝上打印的，感光层正对着用户时文字可读。打印在胶片上的图像通常采用药膜朝下的方式打印，如图 17-6 所示。

图 17-6　药膜朝下

- 负片：打印整个输出(包括所有蒙版和任何背景色)的反相版本。与"图像"菜单中的"反相"命令不同，"负片"选项将输出(而非屏幕上的图像)转换为负片，如图 17-7 所示。

图 17-7　负片效果

- 背景：选择要在页面上的图像区域外打印的背景色。例如，对于打印到胶片记录仪

的幻灯片，黑色或彩色背景可能很理想。要使用该选项，请单击"背景"按钮，然后在弹出的"拾色器（打印背景色）"对话框中选择一种颜色。这仅是一个打印选项，它不影响图像本身，如图 17-8 和图 17-9 所示。

图 17-8　设置背景颜色

图 17-9　设置上背景颜色后的效果

- 边界：在图像周围打印一个黑色边框。单击"边界"按钮，在弹出的"边界"对话框输入一个数字并选取单位，指定边框的宽度，如图 17-10 所示。

图 17-10　设置边界效果